INHERITANCE

HOW OUR GENES CHANGE OUR LIVES, AND OUR LIVES CHANGE OUR GENES

基因革命

跑步、牛奶、童年经历如何改变我们的基因

SHARON MOALEM
沙伦·莫勒姆 等著　杨涛 吴荆卉 译

凤凰阿歇特
hachettephoenix

图书在版编目（CIP）数据

基因革命：跑步、牛奶、童年经历如何改变我们的基因 / 莫勒姆（Moalem，S.）等著；杨涛，吴荆卉译．—北京：机械工业出版社，2015.2（2024.8 重印）

书名原文：Inheritance：How Our Genes Change Our Lives，and Our Lives Change Our Genes

ISBN 978-7-111-49369-3

I. 基… II. ①莫… ②杨… ③吴… III. 基因－研究 IV. Q343.1

中国版本图书馆 CIP 数据核字（2015）第 029468 号

北京市版权局著作权合同登记 图字：01-2014-7481号。

基因革命
跑步、牛奶、童年经历如何改变我们的基因

出版发行：机械工业出版社（北京市西城区百万庄大街 22 号 邮政编码：100037）

责任编辑：程 琨　　特约编辑：王 琈

印　　刷：固安县铭成印刷有限公司　　版　　次：2024 年 8 月第 1 版第 17 次印刷

开　　本：170mm × 242mm 1/16　　印　　张：14.25

书　　号：ISBN 978-7-111-49369-3　　定　　价：45.00 元

客服电话：（010）88361066 68326294

前 言

一切都将改变

还记得“7年级”的样子吗？

同学们的长相是否还记得？老师、秘书和校长的名字是否还能脱口而出？当年的上课铃声是否仍在耳畔回响？餐厅里的汉堡是否依然香味扑鼻？初恋带来的伤痛是否还会隐隐作痛？浴室里遭遇恶霸同学，是否依然还会惊恐万分？

这一切，或许你都记忆犹新，也可能随着时间的流逝，中学生活已然像其他的童年记忆一样，变得模糊不清。

无论怎样，所有这些，都从未远离你。

长久以来，我们都知道过往的经历会永驻心田。虽然有的不能有意识地回忆起，但已然存在潜意识当中，时不时冒出来左右我们的生活。甚至，那些不能清晰回想起来的部分，依然游弋在潜意识的深海之中，随时准备着，出其不意地冒出头来，无论是好是坏。

但所有这一切还另有深意，因为你的身体处在时刻不停地转变和重建之中。过往的经历，无论看上去多么微不足道，从恶霸到暗恋，再到汉堡包，都在你的体内镌刻了无法抹去的印记。

更为重要的是，这些印记也刻在你的基因里。

诚然，当大多数人想到组成我们遗传基因的那30亿个碱基对时，这番话听上去有些离经叛道。自从19世纪中叶，格里戈·孟德尔（Gregor Mendel）* 对豌豆植株的遗传特性的研究，建立了遗传学知识的基础以来，我们一直被教导说，“自己是谁”这个问题，是完完全全可以预测的，秘密就写在我们从先祖那儿继承的基因里面，有些来自母系，有些来自父系，合在一起，便是我们自己。

这种对遗传基因的僵化观点，直到今天仍然是中学课堂上所讲授的内容。当学生们绘制家谱图，试图弄清同学的眼睛颜色、卷发、发音以及他们毛茸茸的手指时，这些内容就像是孟德尔亲手刻在石板上的经典语录，告诉我们无法选择自己已经获得并将传递下去的特性，因为我们的遗传特性，在父母造人之初，就已经完完全全被决定了。

但是，这种看法是非常错误的。

因为，此时此刻，无论你是在书桌边品尝咖啡、在躺椅上休息发呆、在健身房里原地蹬车，还是在国际空间站之中环绕地球，你的DNA都在一刻不停地改变着。就像成千上万个小电灯开关一样，有的打开，有的关上，而这一切都取决于你的所作所为，所见所想。

你的生活方式、环境地域、面对的压力以及吃穿用度，都在时刻调节着、精心编织着这一过程。

而且，这一切都是可变的。也就是说，某种程度上，你可以改变你的遗传特性 **。

---

* 孟德尔分别于1865年2月8日和3月8日在布隆自然历史协会上宣布了自己的工作。次年，他的研究成果发表在《布隆自然历史学会会刊》上。他的论文迟至1901年才被译成英文。

** 遗传学上的改变包括后天获得的基因突变，还包括一些小的表观遗传修饰，它们也能改变基因的表达和抑制。

这并不意味着，我们的生命不是由基因所决定的。生命，当然主要由基因所塑造。但实际上，近几年来，我们越来越多地了解到，遗传基因——构成基因序列的每一个核苷酸“字母”——以最富幻想的科幻小说家也无法想象的方式，影响和塑造着我们的生活。

一天又一天，人类都在获得更多的知识和手段，并带着它们踏上崭新的基因之旅——掏出老旧的基因图谱，在生命的案头展开，为我们自己、孩子以及一切后代，标注出全新的路标。一个又一个新发现，带领我们更好地理解这一对关系——基因如何影响我们，我们对基因的影响又是怎样？遗传特性是灵活多变的——这一观念正在悄然改变着一切。

食物和锻炼，心理学和人际关系，药物治疗、诉讼、教育、法律、权利，人类一直以来所秉持的教条和内心深处的信仰，都将发生改变。

一切的一切——甚至是死亡这件事。

迄今为止，大多数人相信，我们的人生经历随着生命的结束而终止。这也是错误的。我们所积累的，不仅是自己的人生经历，也是父辈和祖先的生命历程，因为我们的基因从不轻言遗忘。

无论是战争还是和平，饱食还是饥荒，流离还是疾苦，只要我们的祖先经历过并幸存了下来，我们就继承了它。一旦我们获得了它，就有可能以这样或那样的方式传给下一代。

这可能意味着癌症，或是阿尔茨海默氏症，甚至是肥胖，但也可能意味着长寿，处变不惊，或者仅仅是快乐本身。

不管怎样，我们现在知道，对于遗传特性，我们可以接受，也可以拒绝。

这一旅程的指导手册，就是你手上的这本书。

本书中，我会向大家介绍，作为医生和科学家，我如何将人类基因的最新研究成果应用到日常实践中，也会让你结识我的一些病人。我会从临床中挖掘一些对于生活至关重要的案例，以及我曾经参与的研究；我会谈到历史、聊起艺术；我会提到超级英雄、体育明星以及性工作者。我的观点，将改变你看待世界甚至是看待自己的方式。

我会激励你踏上分割已知和未知的钢丝绳。当然，走在上面难免摇摇晃晃，但却值得一试。起码沿途风光会让你终生难忘。

不错，我看待世界的方式有悖常理。通过研究遗传疾病来理解生物学的本质，我已经在看上去无关的领域取得突破性的发现。这一方式让我获益匪浅，它带领我发现了一种全新的抗生素，名为Siderocillin，专门医治超级病菌的感染。同样，它也带领我获得了来自世界各地19位病人父母的支持，为改善人类的健康，进行生物技术领域的创新。

此外，我还有幸与世界顶级的医生和研究者合作，见证最为稀奇和复杂的遗传病例。多年来，工作引领着我走进上百人的生活之中，他们将世上最宝贵的东西——孩子——托付于我。

总之，我对“基因可变”深信不疑。

而这并不是说，阅读本书将会是一次严酷的体验。诚然，我们确实要讨论一些让人心碎的事，其中一些观念也可能会挑战我们的终极信仰，还有些观点可能是彻头彻尾地骇人听闻。

但是，如果你敞开心扉，拥抱这个新奇的世界，它将改变你的方向，让你审视自己的生活方式，或让你从遗传的角度，重新考虑你是如何成为现在的模样的。

我可以保证，阅读本书的最后一页时，你的全部基因以及基因所塑造的生活，将焕然一新。

所以，如果你准备好以迥然不同的方式看待遗传基因，我愿意带领你，穿越共同的过往，冲破一系列困惑的现在，走入充满希望和挑战的未来。

在此过程中，我会邀你一同进入我的世界，展示我如何看待基因遗传。首先我会告诉你，我是如何思考的，一旦你明白了基因学家的思维方式，你就会更好地了解我们即将进入的世界。

请允许我告诉你，这个世界会让你兴奋不已。因为你打开本书之际，正站在一个发现的时代之起点上。我们从哪里来？又将到哪里去？我们获得了什么？又会留下些什么？所有这些问题，都有待探索。

这就是我们的未来，刻不容缓、势不可当。

这就是我们的——**基因革命**。

目录

第1章　遗传学家如何思考

很久以来，几乎所有的纽约餐馆老板，都想把食客往兔子窝里赶，赶进一个素食主义、无麸质、三方认证有机食品的健康大迷宫。他们的菜单上标着星号和注脚，服务生个个是专家，告诉你食物的产地、风味的搭配、公平贸易的认证，以及那些乱七八糟、纷繁复杂的ω-脂肪，哪些对你有益，哪些又是有害的。

杰夫[1]却不以为然。作为一名训练有素的年轻厨师，他对纽约餐馆一族的胃口变化了如指掌。他并不反对健康饮食，只是不愿把“为你好”的菜单放在首位。因此，当所有人都在尝试烤绿色小麦和野生鼠尾草籽时，他却用肉、土豆、奶酪和其他诸多会堵塞血管的食材，烹饪出分量十足、令人垂涎、“此味只应天上有”的诱人美食。

母亲大都教导我们要言行一致。杰夫的妈妈也是如此，要他吃自己烹饪出来的东西。杰夫也的确是这么做的，而且，一如既往。

但是，当他的血液中低密度脂蛋白（LDL）出现增高迹象时，就意味着患心脏病的危险增加了，这是他该作出改变的时候了。医生了解到年轻的大厨还有严重的心血管病家族史，更加坚信他必须尽快改变。医生解释说，如果杰夫不大幅度调整饮食，增加每日蔬菜水果的摄入量，那就只能通过药物治疗，来降低日后心脏病发作的风险了。

给出这样一个诊断并不困难，对于每一个像杰夫这样，有家族病史和LDL增高迹象的病人，医生都是这么处理的。

一开始，杰夫很是抗拒，毕竟他在餐饮业以毫无节制的烹饪和饮食习惯著称，还因此得了个“牛排大王”的诨名，如果转而去吃更多的果蔬，他会觉得有辱自己的大名。后来，在漂亮的未婚妻的劝说下，他屈服了，因为她想和他白头偕老。以厨师所受的训练和对减量特有的天赋，他决定翻开人生的新篇章，首先在日常饮食中加入蔬菜水果，将不怎么爱吃的东西掺到爱吃的食物中。就像父母为了孩子的健康，会把西葫芦掺在早餐的松饼里一样，杰夫开始在他的酱汁和简餐里加入更多的水果和蔬菜，并搭配鲜嫩带血的上等牛腰肉。不久，杰夫不仅在理论上理解了医生所谓的饮食平衡，而且身体力行，吃小份的红肉、更多的果蔬、合理的早餐和午餐，等等。

这样坚持了长达3年的“合理饮食”，杰夫的胆固醇水平下降了，他觉得自己已经战胜了疾病。对于通过饮食控制健康的做法，杰夫十分骄傲，这不是每一个人都能做到的。

在严格遵循新的饮食规律之后，杰夫认为自己应该感觉很棒。然而，事与愿违——他的身体一天不如一天。他没有感觉精力更加旺盛，反而开始浮肿、恶心、疲劳。对这些症状的初步检查发现，他的肝功能轻度异常。随后进行的腹部超声和磁共振（MRI）检查，以及最后的肝活检，结果证实——杰夫患上的是肝癌。

所有的人都感到震惊，特别是他的医生，因为杰夫并没有得过乙型或丙型肝炎（可能导致肝癌），也不酗酒，更没接触过任何有毒的化学品。他从未做过任何足以使相当健康的年轻人得肝癌的事，唯一做的就是遵照医嘱改变饮食——这一切，简直难以置信。

对大多数人而言，“果糖”就是那种让水果分外香甜的物质。但如果你和杰夫一样，患有一种罕见的遗传病：遗传性果糖不耐受症（hereditary fructose intolerance，HFI），你的身体就无法完全分解食物中的果糖*。这会使得有毒的代谢物在体内聚集，尤其是肝脏，因为你的身体不能产生足够的酶：果糖二磷酸醛缩酶 B（fructose-bisphosphate aldolase B）。这就意味着，像杰夫这样的人，“一天一个苹果”不会带来健康，而是招致死亡。

幸好，杰夫的癌症发现及时，可以治好。改变饮食——这一次是朝着正确的方向，远离果糖——意味着他可以长期享用令纽约人艳羡的美食了。

但并非所有的 HFI 患者都这么走运。像杰夫一样，很多人一辈子但凡吃多蔬菜水果，都会抱怨这种恶心、浮肿的感觉，但他们可能永远不明真相。多数情况下没人当真，即便是他们的医生。

直到一切都太晚了。

有些 HFI 患者，在生命的某个阶段，会发展出一种自然而强烈的——因而也具有保护性的——对果糖的反感，会刻意躲开含糖食品，尽管他们都不甚明了。杰夫得知自己的遗传性状之后，我们很快见到了他，并向他解释：当患有 HFI 的病人不听从身体发出的信号——或者听从完全相反的医疗建议时——他们很可能会慢慢出现癫痫、昏迷以至于因器官衰竭或癌症而夭折。

---

* 并不只是果糖，蔗糖和山梨醇（会在身体里转化成果糖）也会出现这种情况。后者通常存在于“无糖”口香糖这类食品中。

幸运的是，一切正在改变，而且十分迅猛。

就在不久前，即便是世界上最富有的人，也无法窥探自己的基因序列，只因科技还未发展到这一步。而如今，测量显性基因或整个基因组序，即组成DNA的几百万个核苷酸“字母”这一极具价值的基因图谱，其成本甚至低于一台高品质的宽屏电视机，[2]并且这一测量成本还在日益下降。前所未见的遗传数据，正像名副其实的洪流一般，涌现在我们眼前。

所有这些字母中隐藏着什么秘密呢？首先，是对杰夫和他的医生有用的信息，可以对HFI、高胆固醇作出更精确的诊断；其次，是令我们每一个人获益的信息，可以对吃什么、不吃什么作出个性化的选择。这些信息是祖先的馈赠，带着过往亲人的个性签名，让我们明智地选择吃些什么、如何生活，下文还将继续详细探讨。

所有这些，并不是指责杰夫的第一位医生做错了什么，至少从传统医学的角度来看不是。你瞧，打从希波克拉底的时代以来，当医生的一直都是根据先前的病人发病时的样子，来行医问病的。近些年来，我们拓展了诊断的方法。综合精细复杂的各项研究，以及令人痛苦的统计数字，来帮助医生厘清什么样的治疗方案，是对绝大多数人行之有效的。

确实，这无可厚非。大多数时候，对于大多数人而言，这种方式是对的。*

然而，杰夫不是大多数人，任何时候都不是。而你，也不是大多数人，我们都不是。

第一个人类基因组被破译出来已逾10年。如今，世界各地的人都

* 我们将在第6章深入探讨这一概念。

可以得知本人全部或部分的基因组。已经非常明确的是，世界上没有哪个人——我是说，没有任何一个人——是“普通”的。事实上，我最近参与的一项研究发现，以建立遗传基因的基准为目的而被视为“健康”的人，其基因序列全部存在变异*，这与我们之前理解的非常不同。通常，我们之前理解的变异是“可医治”的，也就是说，我们已经知道这种变异是什么，以及如何来处理。

虽然，并非每个人的基因变异，都会像杰夫那样给生活带来严重影响，但这不意味着我们可以忽略它，特别是在可以观察、评估并越来越能采取个性化干预的今天。

然而，并非每位医生都具备相应的手段和训练，为病人提供这种服务。尽管许多医生没有主动犯错，但是由于科学发现改变了我们对疾病的看法，他们以及他们的病人，就显得落伍了。

仅仅了解遗传学还远远不够，这令我们当医生的所面临的挑战更趋复杂。现如今，我们也必须钻研表观遗传学（epigenetics），即研究遗传特性是如何在一代人身上改变与被改变，甚至遗传给下一代的。

印记，就是这样的例子。也就是说，你是从双亲之中的父亲，还是母亲一方继承来的某个基因，要比基因本身更为重要。普拉德－威利综合征（Prader-Willi syndrome）和安格尔曼综合征（Angelman syndrome），就是这种遗传特性的例证。** 表面上，这两种病是完全不同的，事实也确实如此。但是，进一步挖掘其遗传特性，你将发现，如果印记基因来自父亲就可能患上普拉德－威利综合征；印记基因来

* 由于尚不确知这些变异的临床表现，我们称之为“意义未明的显著性变异”。

** 普拉德－威利综合征，又称小胖威利综合征，表现为暴饮暴食、肥胖、智力低下和小生殖器的先天性病征；安格尔曼综合征，又称快乐木偶综合征，由母系单基因遗传缺陷所致。——编者注

自母亲则可能患上安格尔曼综合征。

孟德尔于19世纪中期发现的基因遗传的二元法虽过于简单，但一直以来被奉为圭臬。然而，21世纪的遗传学正飞速发展，如同疾驰而过的动车组，将老旧马车甩在身后，许多医生只能望尘兴叹。

医学终将追赶上来，历来如此。但是在此之前（坦白地说，即使是在此之后），难道你不想了解尽可能多的信息吗？

好吧。这就是为什么，我要为你做件事，就像我初次见到杰夫时为他做的那样，我要给你做个体检。

我一直认为，发现问题的最好办法，就是设身处地思考，动手做事。

所以，让我们卷起袖子，正式开始吧。

哦，不对，其实我是想要你卷起袖子。别担心，不是要扎你的血管采血，我可不想这么干。我的病人经常认为第一件事就是采血，但他们猜错了。我只是想好好看看你的胳膊，感受皮肤的质地，查看屈肘的姿势，触摸你的手腕，凝视掌上的纹路。

没别的——就是这样——没有血样、唾液，或是头发取样。你的首次基因检查悄然开始，而我，对你已知颇多。

人们有时认为，一旦医生对你的基因感兴趣，第一件事就是查看DNA。研究基因是如何组装起来的细胞遗传学家，确实会在显微镜下查看你的DNA，不过这只是为了确认，所有的染色体都是完整的，其数目和顺序都对。

染色体很小，其绝对长度只有1米的百万分之几，但在适当的条件下我们还是能看到它，甚至能看到某条染色体的部分缺失、重复或位置倒错。但是单个的基因，就是让你之所以是你的那些高度特异性的、小之又小的DNA序列，能看到吗？这就更难一些。即使是在最大倍数的显微镜下，DNA 也就是一条扭曲的细线，有点像包装精美的生日礼物上，那条卷曲的丝带。

不过，我们有办法打开礼物，看看里面的东西。这通常需要加热、解旋 DNA 链，在酶的帮助下复制并在某一阶段停止复制，加入化学制剂使之显现出来。最后呈现的这张图像，比任何照片、X 光、磁共振更能反映你的状况。而这太重要了，因为如此深入地探查你的 DNA，具有至关重要的医学意义。

这些，却不是我此刻的兴趣所在，如果你知道需要观察什么——耳垂上的小小横褶、眼眉上的某个弧度——你就能快速作出诊断，将生理特征与特定的遗传或先天疾病挂上钩。

这就是为什么，此时此刻，我只是注视着你。

想要像我观察你一样观察自己吗？请拿起镜子或去卫生间看看自己美丽的面孔吧。我们都很熟悉自己的脸，至少自认如此——所以，就从这儿开始吧。

你的脸颊左右对称吗？你的眼睛颜色一致吗？你的眼窝深陷吗？你的嘴唇是厚是薄？你的额头宽大吗？你的太阳穴窄吗？你的鼻子挺拔吗？你的下巴很小吗？

现在，仔细观察两眼之间的地方。你能不能想象，在两眼之间容纳得下另一只眼睛？如果可以，那么你就拥有眶距增宽症（orbital hypertelorism）的解剖特征。

别紧张。有时，在确认某种疾病或生理特征的过程中，特别是每当冠以某某“症”时，病人就会感到大祸临头了。如果你的眼距有点儿宽，没什么可担心的。事实上，如果你的眼睛碰巧比大多数人分得更开，你并不孤单，像杰奎琳·肯尼迪和米歇尔·菲佛这样的名人，也因分得很开的眼睛而卓然不群。

在观察面孔时，稍稍分得更开的眼睛，常常令我们下意识地感觉更富魅力。

社会心理学家告诉我们，男人和女人都倾向于认为，眼距更宽的人更漂亮。[3] 其实，模特经纪公司在寻找新星时，会特别留意这一特征，几十年来一直如此。[4]

我们为什么会将轻微的眶距增宽症与美丽画上等号？19世纪的法国人，路易·威登·马利蒂提供了一个很好的解读。

可能你眼中的路易·威登，是世界上最昂贵也最漂亮的手袋制造商，同时也是时尚帝国、当今最有价值的奢侈品牌之一的创立者。然而，1837年，年轻的路易初到巴黎时，他的野心可没这么大。16岁的他，一边给富有的巴黎游客搬行李，一边给著名的本地商人当学徒，制作笨重结实的行李箱，就是那种贴满了标签、被爷爷奶奶束之高阁的老式箱子。[5]

你可能会觉得，现在的行李员不怎么爱惜你的箱子，但与从前相比，他们其实已经够小心翼翼了。在船运时代，便宜的新式行李箱不是随便哪个百货商店都能买到的，因此，箱子必须经得住摔打才行。在路易·威登行李箱出现之前，大部分箱子是不防水的，所以顶部要做成圆弧形，以便排水。这样一来，箱子就不易摞起，因而更不耐用。路易的一个创新之举，就是用上蜡的帆布取代皮革，从而既可以防水，也易于改为平顶设计，保持箱内衣物干燥。这对当时的船运来说，可是一个不小的贡献。

然而，路易面临另一个问题：如何帮助那些不熟悉他的设计和成本的消费者，了解自己买到的行李箱质量是否上乘呢？这在当时的巴黎来说不是什么大问题，因为口口相传是一个好箱子的制造商唯一的营销手段，但是离开巴黎，要想拓展业务就没那么容易了。

雪上加霜的是，冒牌货如影随形，一路陪伴着路易及其子孙后代。竞争对手纷纷模仿路易·威登的设计而又质量低劣，路易的儿子乔治发明了著名的LV商标（L和V两个字母咬合在一起），这是第一个在法国注册的品牌标志。

他觉得，有了这个标志，消费者一眼就能看出买的是不是真货。商标，就是质量的保证。

但是，说到生物学意义上的质量，我们生下来并未带着醒目的商标。因此，在几百万年的进化过程中，我们学会用其他一些天然的方式来评价某人，一眼就能看出我们需要知道的3个重要因素：血缘、健康和父母的适配性。

面容相似性是血亲的铁证——“你看，他长得多像父亲”——除此之外，我们通常不大会考虑面容从何而来。但是，面部特征的形成是一个精彩纷呈的故事——一场错综复杂的胚胎芭蕾舞——任何小小的发育差错，都会永远刻在脸上，昭示天下。大约从胚胎形成的第4周起，面部的外观就开始在5个突起上发展起来，（想象这就像一块块黏土一样，将被捏成我们的脸），经过融合、成型和渗透，最终被裁剪出光滑的表面。如果这些部分不能平滑地渗透和衔接，就会留有空隙，从而形成裂缝。

裂缝有轻有重。有时，裂缝不过就是下巴尖上的一道凹陷（演员本·阿弗莱克、加里·格兰特和杰西卡·辛普森，就是这类下巴上有凹陷的人，或者叫“酒窝”下巴）。这也可能出现在鼻子上（想一想斯蒂芬·斯皮尔伯格和杰拉尔·德帕迪约）。但另一些时候，裂缝会在皮肤上留下很大的缺口，露出里面的肌肉、组织和骨头，很容易感染。

我们的面容是如此的多种多样，因此成为最重要的生物学标志。就像路易·威登的商标一样，我们的脸对基因和胚胎发育期的先天因素言之甚详。因此，远在明了面部特征究竟代表什么之前，人类就已特别关注这些线索。它们还提供了最快的方法，让我们对周围的人进行评估、排列和关联。除了这些表面原因，我们之所以如此重视面部特征，是因为它泄露了我们的发育和遗传史，不管你本人是否愿意。你的脸还能透露很多关于大脑的信息。

面部信息可以预示，你的大脑是否在正常条件下发育。在慧眼识人的遗传游戏中，毫厘之差也会关系重大。这也可以解释，为什么跨越那么多文化群落和世代，人类对双眼分得更开的人都心有所属。眼距与400多种遗传病有关联。

比如，前脑无裂畸形（holoprosencephaly），即大脑两半球发育异常。这些患者除了得癫痫和智力障碍的概率增大外，还很容易得眶距过窄症（orbital hypotelorism）——就是说两眼之间的距离过近。眼距过近还与范科尼贫血（Fanconi anemia）有关联，这是德系犹太人和南非黑人后裔比较常见的一种遗传病。[6]这种疾病经常会带来渐进性骨髓衰竭，并且导致得恶性肿瘤的概率增大。

眼距过宽和过窄，只是发育高速公路上的两个路标，将遗传特性和生理环境融为一体。不过，还有许多其他的标志有待发现。

让我们开始寻找它们吧。

请再来照一下镜子。你的外眼角比内眼角低还是高？我们把上下眼睑间的裂缝称为眼裂。如果外眼角比内眼角高，我们称之为上倾眼裂。对很多亚裔来说，这完全正常，是他们最为典型的特征。但对于其他种族的人来说，大幅上倾的眼裂可能是21号染色体三倍体存在（或称唐氏综合征）的特征或标志。

当外眼角比内眼角低时，我们称之为下倾眼裂。同样，这本身可能不成问题，但也可能是马凡氏综合征（Marfan syndrome）的标志，这是一种遗传性结缔组织病，在电影《飞越疯人院》中扮演弗雷德里克森的演员文森特·斯科亚维利和《雷奇蒙中学的时光》里的瓦尔加斯先生就是如此。对于星探而言，斯科亚维利“有着忧伤的眼睛”，然而对于医生来说，这样的眼睛，加上平足、下颚短小等其他生理特征，是遗传病的标志，如果不加以治疗，会导致心脏疾病或寿命缩短。

另一个类似，但没那么严重的疾病叫虹膜异色症（heterochromia iridum）。得这种疾病的人，两只眼睛的虹膜颜色不一致。这通常是由分泌黑色素的细胞不均匀迁移造成的。你可能立刻会想到大卫·鲍伊，因为他的双眼差异显著早已不是秘密。不过，仔细观察你会发现，他的双眼并非颜色不同，而是一个瞳孔已完全扩张——事实上，这是高中时他为了一个姑娘跟人打架造成的。

米娜·古妮丝、凯特·波茨沃斯、黛米·摩尔和丹·艾克罗伊德才是真正的虹膜异色症患者。即使你对这些人非常熟悉，之前也可能从未注意到，因为这种色差是非常微小的。

你很可能认识一些虹膜异色症患者，却从未意识到。日常生活中，我们不会长时间地盯着亲戚、朋友的眼睛看。尽管如此，很可能某个人的眼睛已深深地刻在了你的心里。

除了影响重大的人物之外，我们通常只记得那些长得比较特别的眼睛，比如像蓝宝石一样光彩夺目的眼睛，这是一个美丽的错误，眼睛出现这种颜色是胚胎发育期色素细胞没有完全到达该去的位置。

如果蓝眼睛的旁边有白色的额发，我会立刻联想到瓦登伯格氏综合征（Waardenburg syndrome）。假如你的一绺头发颜色很淡，两只眼睛深浅不一，鼻梁宽阔，听觉还有问题，那很可能你患有这种病症。

该病症有几种不同的类型，其中最常见的是1型，这些区别是由PAX3基因变异引起的，该基因在细胞离开胚胎脊髓的迁移过程中起着关键作用。

研究瓦登伯格氏综合征患者的基因，可以帮助我们了解其他更常见的疾病。PAX3基因还被认为与皮肤黑色素瘤——最致命的皮肤癌症有关。这个例子展示了，我们体内的隐秘工程是如何通过罕见的遗传病表达出来的。[7]

现在，让我们转向眼睫毛。有些人可能不太在意这些小小的睫毛，实际上，存在一个完整的产业链，让我们为此花钱。如果你想让睫毛更浓密，你可以做睫毛增长术，甚至可以试试促睫毛生长药物，商品名为拉提丝（Latisse）。

但在此之前，我希望你先好好看看自己的睫毛，是否不止一排。如果你发现有些多余的睫毛，甚至多出一整排，那你就可能患有“双睫症”（distichiasis）。你和很多漂亮的名人一样，伊丽莎白·泰勒就是其中之一。有趣的是，有人认为多一排睫毛是“淋巴水肿 - 双排睫”（lymphedema-distichiasis，LD）的症状之一，这与FOXC2基因突变有关。淋巴水肿的症状会在体液排出减少时发生。就像在长途飞行时，久坐会让你感到鞋子变小了。此时症状集中体现在腿部。

并不是所有双排睫的人都有水肿症状，原因尚不明确。你或者你爱的人可能到现在才知道自己拥有双排睫毛。

当你开始以这种视角观察别人，你永远都不知道将会发现什么。这种事去年就发生在我身上，当时我正跟妻子坐在餐桌前，我一直以为她是因为用了睫毛膏，才有那么浓密的上眼睑睫毛。但是我错了。我的妻子有“双排睫”。

虽然她没有任何与LD相关的症状，我仍然不敢相信，自己竟然在结婚5年后才发现。这令我对遗传有了新看法，即使共同生活多年，我们仍能在配偶身上发现新奇之处。我只是从没想过，自己竟会错过那额外的一排睫毛。

这说明，我们的脸是一块巨大的有待挖掘的遗传“处女地”。你只需要知道如何来观察。

现在，也许你能在自己脸上，发现至少一种与遗传疾病有关的特征。不过，你也很有可能只是拥有这样的特征，却没发病。实际上，每一个人在某些方面都是“不正常”的，因此不能仅凭一个生理特征，就判定患有某种疾病。当我们一点点地分析、整合这些面部特征——双眼的距离和倾斜度，鼻子的形状，有几排睫毛，等等——就能获得大量的信息。整合这些信息才能作出遗传诊断，而不需要深入了解你的基因组。的确，临床疑似疾病的确诊通常是需要直接检测基因的，但是没有特定目标地梳理一个人的全部基因组，就像是为了寻找一粒稍稍特别一点的沙子，而筛遍整个沙滩。这无疑是一项艰巨繁重的统计任务。

因此，简而言之，知道该寻找些什么是大有裨益的。

最近，我与妻子出席了一个她朋友的晚宴。她的很多朋友之前我都不曾谋面，我忍不住要盯着女主人看。

苏珊的双眼分得较开（眼距过宽）——宽度刚好引起人注意。她的鼻梁比大多数人要平，唇红缘（描述上嘴唇形状的医学术语）特别宽而明显，身材也略矮。

当她的头发在肩头舞动时，我非常想看一眼她的脖子。于是，装着欣赏墙上一张稀有的法国电影海报，弗朗索瓦·特吕佛1959年的电影《四百击》，我尽可能不被注意地伸长脖子，力争偷看一眼。

很快，妻子就发觉了我的怪异举动，把我拉到安静的走廊上去。“拜托！又在看啦？”她问道，“要是你再继续盯着苏珊，大家就要误会了。”

“我实在忍不住。记得那回你的睫毛的事吗？”我说，“有时候，我就是停不下来。不过说真的，我觉得苏珊有努南综合征（Noonan syndrome）。”

妻子翻了翻眼睛，已经知道这意味着什么了：接下来的整个晚上，我都会是个令人生厌的主儿，反复研究女主人的生理特征，专心思考各种诊断的可能性。

是这样的：一旦你学会了如何观察，良好教养就被丢出窗外，不由自主地要去观察。你可能听说过，很多医生相信，自己有责任帮助需要急救的人——比如在救护车还未赶到的事故现场。那么，当训练有素的医生看到严重的，甚至威胁生命的潜在疾病，而其他人根本没看出任何异常的时候，他们该如何是好呢？

继续研究着苏珊的生理特征，我深深地陷入道德的两难之境。当然，女主人和其他客人不是我的病人，请我来也不是为了诊断任何遗传或先天疾病。我才刚刚认识她，怎能开口？要不就闭口不谈，她的一些明显特征——眼睛、鼻子、嘴唇，还有脖子与肩部之间那块特征鲜明的皮肤，即蹼状颈——表示她很可能有遗传病。除了对未来降生的孩子造成影响，努南综合征还和潜在的心脏疾病、学习障碍、凝血功能障碍以及其他一些病症有关。

努南综合征只是很多所谓“隐性症状”中的一种，因为其相关特性并不那么罕见。至于多出来的一排睫毛，如果不是故意寻找的话，人们通常很容易忽略掉。我不能轻轻松松地走过去对她说：“谢谢你的晚餐。豆饼很好吃。顺便说一句，你知道自己有可能患有致命的常染色体显性遗传病吗？”

我没有这么做，而是问她手头有没有结婚相册。我想这会帮助我判断她是否确有努南综合征，因为该病通常是由父母遗传而来的。看完第二本相册和无数张她和母亲的照片后，我很确定她们有很多共同的生理特征。

“没错，”我想，“就是努南综合征。”

“哇，”我说，试着温柔地接近话题，“你跟你妈妈真像。”

“是的，经常有人这么说，”她很快回应道，“其实，你妻子跟我说过一些你做的事……”

此时此刻，我真不知道这场谈话将指向何方。幸运的是，苏珊及时出手相救了。

“我的母亲和我都有一种遗传病，叫努南综合征，你听说过吗？”

原来，苏珊很了解自己的病，尽管别人不大知道。参加聚会的其他朋友，对我能依据微小的、他们未曾察觉的生理差别，就诊断出她的病来，啧啧称奇。

然而事实上，不只是医生具备这种能力。我们每一个人都可以。上一次见到唐氏综合征（Down syndrome）患者，你就已经这么做了。不知不觉地，你的眼睛扫过他那与众不同的特征——上倾的眼裂，过短的手臂和手指（称为短指），低位耳，塌鼻梁——你其实就是在做快速的遗传学诊断。因为见多了唐氏综合征患者，你便下意识地在心里列出唐氏综合征患者的特征，并得出医学结论。[8]

我们可以据此诊断出上千种遗传病，而且越长于此道，越难以停下来。这可能令人生厌（我理解妻子的感受），还可能毁掉聚会，但它依然很重要——因为有时候，一个人的外貌是判断遗传或先天性疾病的唯一办法。不管你信不信，有时我们真的没有其他可靠的检测手段，这一点你马上就将看到。

再照一下镜子，看看你鼻子和上嘴唇之间的地方。两条垂直线勾勒出你的人中，而这个地方就是在胚胎发育早期，几块组织迁移后的相遇之处，就好像大陆板块撞击在一起，形成了山脉。

还记得我说过，我们的脸很大程度上像路易·威登的商标吗？脸可以体现出我们的遗传品质和发育历史。现在，如果你无法看到你的人中线（因为那地方过于平坦）；如果你的眼睛有点小或者眼距过宽；如果你还有朝天鼻，那么，你的母亲很可能在怀孕期间饮酒，从而让你得了胎儿酒精中毒综合征（fetal alcohol spectrum disorder，FASD）。听到这样的名称往往令人害怕，因为FASD通常被认为会带来许多重大疾病。这种可能的确存在。但也可能只有轻微表现，有一些面部特征，而无重大疾病。尽管在过去10年里，医学和遗传学都取得了重大突破，但我们仍然无法确切检测到FASD，只能像你刚刚诊断自己一样，做些外观检查。[9]

现在让我们来看看你的手。既然你已经了解某些特征及其组合是如何暴露出你的遗传信息的，你就可以用我的方式观察了。请看看你的掌纹，上面有多少条主纹？我的手掌有一条深深的主纹对着拇指，手指下面还有两条水平的主纹。

你的手指下面是否只有一条掌纹？这可能跟FASD和21号染色体三倍体症（Trisomy21）有关。但是，请少安毋躁，因为大概10%的人至少有一只手有一个异常之处，但并没有遗传病的其他迹象。

你的手指如何？是不是过长？如果是的话，你有可能有“细长指”（arachnodactyly）*，而这与马凡氏综合征和其他遗传病有关。

* 也叫蜘蛛脚样指（趾）综合征。

既然我们在观察手指，那让我们继续看。你的手指是不是成圆锥状，越靠近指甲越细？你的甲床是否够深？现在好好看看你的小指，它们是直的还是弯向其他手指？如果弯曲明显，你可能有“弯曲指”（clinodactyly），这可能与60多种遗传病有关，也可能完全良性，跟疾病没有任何关系。

别忘了你的大拇指。它们宽吗？看上去像你的大脚趾似的？如果是的话，这叫作D型短指（brachydactyly type D），那么你和演员梅根·福克斯都在这一遗传俱乐部里了。尽管你不曾注意到，因为2010年美国橄榄球超级杯大赛，她为摩托罗拉做的广告里，导演采用了替身拇指。[10] 这也可能是巨结肠症（Hirschsprung's disease）的特征之一，该病会影响你的肠道功能。

下一项检查你可能想留点隐私。如果你是在家，或者其他你不会觉得不好意思的地方看这本书，请把鞋和袜子脱掉，轻轻掰开第二和第三个脚趾，如果发现那儿有一点点多出来的皮肤，那么，你的2号染色体的长臂可能有变异，这与1型并趾（syndactyly type 1）有关。[11]

在胚胎发育的早期阶段，我们的手就像棒球手套似的。然而随着发育的进行，指间的连接就会消失，因为基因指示手指和脚趾之间的皮肤细胞消亡。

但有时，这些细胞拒绝消失，并长在手上和脚上。这通常没什么大不了的。外科手术一般都可以矫正这种轻微的稀有并趾——现在也有许多人，在脚趾间的多余皮肤上搞创意，用文身和穿孔在这大多数人都没有的小小表皮地带，唤起时髦人士的注意。

如果你的孩子有并趾，但还未到玩身体艺术的年纪，你可以告诉他们，这会让他们成为游泳健将。当然啦，鸭子就是如此。它们用脚蹼在水中保持平衡和划水，在水下觅食时就像喷气飞机一样钻来钻去。

鸭子为什么脚上有蹼呢？鸭子脚趾之间的组织由于一种叫作Gremlin的表达蛋白的存在而保留了下来。该蛋白就像一个细胞危机顾问，劝说鸭子脚趾之间的细胞，不要像其他鸟类和人身上那样自杀。如果没有这种蛋白，鸭子的脚就会像鸡一样，对水中生活全无益处。

现在，你能弯曲大拇指去触摸手腕吗？能把小拇指往后掰90度吗？如果可以的话，那你就可能有埃勒斯－当洛综合征（Ehlers-Danlos syndrome），这种常见病很少被诊断出来。你可能需要服用血管紧张素II受体阻断剂（目前正处于临床试验中），以避免主动脉断裂（或撕碎）。这听起来吓人，却是真的。通过对手的简单检查，就可以判断你是否比常人得心血管并发症的风险更大。

有些医生就是这样，运用遗传学的知识来指导他们的临床实践。是的，有的时候我们会使用高科技手段来检测你的基因结构，有时候在联机数据库上熬夜研究你的遗传序列，就像程序员努力破译复杂的代码。但我们还是经常使用非常低端的技术来诊断病情。有时，结合简单细微的线索和高端科技的分析，我们就可以得知深藏于你体内的那些微小的信息。

在实际治疗中的情形如何呢？通常，我还没见到病人，会先收到另一位医生的转诊单。如果运气好，还会收到一封信，详尽地解释他为什么想让我见病人，他特别关切的是什么。有时，他们的猜测是有依据的。

但很多时候并非如此。

通常，我会先看到一个简短而又模糊的术语"发育迟滞"。有时也会收到这样的信息："沿着Blaschko线看，皮肤上有多毛症或多色斑块。”是的，通过多年的努力，计算机已经可以识别医生们臭名昭著的潦草字迹了，但我们仍然以使用晦涩难懂的语言而自豪。

当然，实际情况可能更糟糕。以前，一些医生会在病历或转诊单里标注 F. L. K，意思是“长相奇怪的小孩”（funny little kid）。这不过是“我不确定哪里有问题，但有些事就是看着不对劲”的医学缩写。大部分时候，这些缩写被更科学、明确、更富有同情心的词语“异形”取代。但这仍然是个模糊的描述。

只需要几个简短的词，就能让我的大脑运转起来。甚至在见到一个被描述成异形的病人之前，我就已经开始运行烂熟于心的推演了——考虑需要询问病人及其家庭成员的重要问题。我思考着已有的几个线索：病人的名字有时会暗示他的种族背景，这对于许多遗传疾病来说是一个重要考虑因素——由于一些种族有着长期族内通婚史，名字会告诉我该病人的父母是什么关系。[12]年龄会告诉我，他处于疾病发展的什么阶段。而转诊单来自哪个科室，会告诉我该病人最显著的症状是什么。

对我来说，这是第一阶段。

第二阶段从我进入检验室开始。你可能听说过，面试官在面试的前几秒钟，就能获得被面试者的大量信息。对于医生来说，也是一样。几乎一进去我就开始解构病人的面部，就像你在镜子里观察自己的脸一样。我会看病人的眼睛、鼻子、人中、嘴唇、下巴和其他几个关键部位，然后试着重新安置它们，一个一个地拼在一起。在我开口问病人之前，我会先问自己，他哪里跟别人不同？

畸形学（dysmorphoblogy）是一个相对年轻的研究领域。通过观察脸、手、脚和人体的其他部位可以使我们了解一个人的部分遗传特征。该研究领域的学者致力于识别能够反映遗传或先天疾病的生理特征，就像艺术家利用知识和工具，判断一幅画或一件雕塑是不是真品一样。[13]

畸形学也是我在会诊新病人时，从工具箱里拿起的第一件工具。当然，我不会就此止步。在完成诊断之前，我要加深对你的了解。

这让我跟大部分医生有点不同。你瞧，很多医生只是了解你的一部分。心脏科医生通过跳动的血管来了解你的心脏，过敏症医师可能知道你对花粉、环境污染物和其他一些物体是否过敏，整形外科医生会关注你那重要的骨头，足病医师会关心你宝贵的脚。

但是作为遗传学医生，我关心的会更多。我要看你身体的每一个部位，每一个曲线，每一个裂缝，每一个擦伤，每一个秘密。

在细胞核里锁着的，是关于你是谁、到过哪儿的一部百科全书，它还会为你将要去哪儿提供整套的线索。当然，有些锁比较容易打开，有些锁很难打开，但是所有的信息就在那里。

你只需要知道，注目何处，如何寻找。

第2章　当基因表现失常

苹果公司、好市多和丹麦捐精者的启示

过去几年中，非凡的丹麦精子捐赠者，成了广受欢迎的遗传物质的提供者，当他的精子与全球那些充满期待的母亲们的遗传物质配对时，会产生完全可预测的、身材高大魁梧的金发儿童。

有段时间，似乎每个人都想分一杯羹。

在丹麦，每份精液样本可获得500丹麦克朗（约合85美元）的报酬，很多符合条件的年轻人（通常拥有极佳的身体素质、智力水平以及足够多的精子数）都来捐精了，以此维持收支平衡。丹麦社会的容忍态度和维京人的魅力，让人类的精子变成了热门出口产品。[1]

但即使按斯堪的纳维亚人的标准，拉夫尔也算得上是真正的“多产者”。

因为担心毫不知情的兄弟姐妹们，在未来的某个时刻可能会偶遇——甚至结婚——像拉尔夫这样的捐献者，应该在成为25个孩子的父亲之后，停止捐精。但是，似乎无人能说清，如何界定某人已达标。而拉尔夫——档案里的照片把他描绘成一个骑着三轮车、穿着阿迪达斯短裤和红色背心的人——是如此受到追捧，当他主动停止捐精时，一些准备要孩子的夫妇，却坚定不移地想要得到他的基因，甚至求助于网络留言板，寻求装有拉尔夫冷冻精液的小瓶子。

最终，这个被大多数受赠者称为7042号捐赠者的男人，可能至少是多个国家中的43个孩子的生父。

然而，事实真相是，拉尔夫并不只是在播种他的北欧“燕麦”，也在不知不觉中播撒了不良的种子——传给孩子们这样一个基因，可诱发多余的身体组织，带来令人尴尬、改变命运的后果，包括巨大松弛的皮囊、严重面部缺损，还有类似深红色覆盖全身的疖肿等生长物。这种会引发肿瘤的疾病，被称为1型多发性神经纤维瘤（neurofibromatosis type1，NF1），它也会引发学习障碍、失明以及癫痫。

7042号捐精者和他那些不幸后代的故事擒住了公众的目光，并导致丹麦法律的迅速修改，以把控同一捐赠者的孩子数量。[2] 但对于某些家庭而言，这一做法来得太迟了。

DNA已经传递，婴儿已经出生，基因已被继承。现代基因学之父——格里戈·孟德尔早在19世纪中叶就首创的这些理论，在21世纪的今天，尽管不完美，却仍然有效。

那么，为何拉尔夫的子女们饱受疾病的折磨，而拉尔夫本人却看似无恙呢？

格里戈·孟德尔最初对豌豆没那么有兴趣。这位有着强烈好奇心的青年修士想拿老鼠做实验。

一位名叫安东·恩斯特·沙夫戈奇的严厉老人改变了孟德尔的方向——沙夫戈奇也因此改变了历史。

瞧吧，在孟德尔那个时代，如果你是一位专注于艺术或科学探索的隐士，你所做的不会比布吕恩城（现捷克城市布尔诺）的山脚下小小的圣托马斯修道院里的修士更职业。

圣托马斯的隐士一直以来都是一群顽皮的修道士。当然，他们向来清楚自己的首要职责是为上帝服务。他们被禁闭在修道院破损的砖墙之内，却发展出了热爱探索的学院派文化。在那里，伴随着他们祷告的是哲学，伴随着他们冥想的是数学。他们还有音乐、艺术和诗歌。

当然，他们也有科学。

时至今日，他们的集体发现、富有洞察力的观点，还有刺耳的争论都令教堂的领导者心痛难忍。在罗马教皇派厄斯九世漫长的独裁统治过程中，他们的丰功伟绩完全是颠覆性的。主教沙夫戈奇并不以此为乐。

实际上，孟德尔的日记显示，主教只是“默认”了修道院的一些课外活动，因为他对此知之甚少。

起初，孟德尔在研究小鼠交配习性方面的工作看上去非常简单。然而渐渐的，沙夫戈奇感觉孟德尔越来越过分了[3]。首先，在孟德尔宽敞的、石头铺地的住处，这些笼中的啮齿动物散发着恶臭，这让沙夫戈奇觉得与奥古斯丁式的隐士应有的整洁生活极不协调。

其次，还涉及“性”。

像托马斯的所有修道士一样，孟德尔对神圣的贞洁宣过誓，但他对那些毛茸茸的小动物如何进行交配似乎过于着魔。

这在沙夫戈奇看来，太出格了。

因此，严厉的主教命令这个好奇的青年隐士关闭他那耗子妓院。如果孟德尔的兴趣，如他宣称的那样，纯粹只集中于生物特性如何代代相传，那么他应该满足于不那么有挑逗性的东西。

好比豌豆什么的。

孟德尔被逗乐了，这位顽皮的隐士觉得主教似乎不明白，“植物也有‘性’这回事。”

因此，在接下来的8年里，孟德尔种植并研究了近30 000株豌豆。通过尽职尽责的观察和记录，他发现植物的若干特性，比如茎秆尺寸和豆荚颜色，都延续着上一代的特定模式。这些发现奠定了我们理解基因的基础。基因是成对共舞的，当一个基因相对另一个基因为显性（或者两个隐性基因组合到一起跳探戈）时，一种明确的特征就会出现。

我们无法推测，如果孟德尔继续在老鼠身上做实验，将会发生什么。研究行为模式更为复杂的生物，他可能会错过孜孜以求培育绿色光滑的长秆豌豆时的发现。话说回来，如果给这位一丝不苟的隐士更多时间，让他去观察老鼠杂乱的胡须，那么他十分有可能误打误撞到更具革命性的发现——他的追随者们在一个多世纪之后才开始领悟到的那些知识。然而事实却是，当孟德尔初次将他的发现发表在晦涩难懂的期刊——《布隆自然历史协会会刊》上时，他的成果遭到了科学界的集体冷落。直到进入20世纪，人们重新发现了他的研究，孟德尔已被葬在城市的中央公墓很久了。

但是，就像很多有远见卓识的大作直到作者死后才受到重视一样，孟德尔的发现有着强大的生命力，最初是发现了染色体和基因，随后是DNA的发现和排序。一个基本观点贯穿于研究道路上的每一步：我们的特性是完全可以预测的，由祖先遗传下来的基因所决定。

孟德尔把他所发现的法则定名为“遗传定律”。[4]其后的岁月我们对遗传基因的看法，就像是代代相传的双重指令，继承者并不真心渴求却无法丢弃，好似一件老旧的传家宝。

或者像拉夫尔的基因遗传那样是个悲剧。那么，到底为什么拉夫尔偏离了孟德尔的“豌豆定律”——本人没有明显的基因病变迹象，而他的那么多子女却有呢？

通过拉尔夫的血缘关系所传递的基因病变，遵循常染色体显性遗传模式。也就是说，你只需要一个基因突变就会继承某种疾病。如果你的的确确继承了这样一个恼人的基因，那么将它传给你的每个孩子的概率都是50%。长期以来，孟德尔的遗传定律告诉我们，如果你不幸继承了某个突变的基因，按照这种显性遗传规律，你也必然会表现出同样的病症。

或许这就是你在学校里学到的遗传学知识，那里绘制出的家谱图让这一切显得太过简单，而且相当有诱惑力，以至于谈到使我们成为这副样子的微观分子魔法时，竟然相信自己很清楚在说些什么。当然，近年来情况变得复杂起来。这一切都源于基因是成双成对的经典想法，当一个基因对另一个基因为显性时，它就表达为一种明确的特征。从褐色的眼睛到卷舌的技巧，从背面长毛的手指到分叉的耳垂，这一切都被认为是显性基因占支配地位的结果。相应地，我们也认为当两个隐性基因配对时，就不大可能出现诸如蓝眼睛或拇指反向弯曲症这样的特征。

但是，如果基因遗传总是以这种方式运作，拉尔夫——以及天天看着他进进出出捐精机构的那些人——怎么会对他那足以改变人生的疾病毫无头绪呢？因为孟德尔，尽管对科学贡献至伟，却错失了一个至关重要的衡量基因变异的指标：变异基因表达度 *。

就像很多其他的遗传疾病一样，1型多发性神经纤维瘤会以多种

* 变异基因表达度是一个用来衡量变异基因或基因疾病在一个人身上的表达程度的指标。

不同方式表达，有时太过细微，以至于无法察觉。这就是为什么没有人知道这个可怕的秘密——很显然也包括拉尔夫本人。

由于基因表达的不同，拉尔夫身上的症状一直不明显。这就是为什么，相同的基因能够以不同的方式改写我们的生活。在不同的人身上，相同的基因并不总是有相同的表现——DNA 完全相同的人亦然。

就拿亚当和尼尔·皮尔森兄弟来说吧。作为单一卵子，或叫同卵双胞胎，这对兄弟被认为携带着完全相同的基因组，包括一个引起1型多发性神经纤维瘤的基因突变。但是，亚当有着一张肿胀、类似毁容的脸——看起来如此糟糕。以至于有一次，夜总会里一个喝醉的老主顾以为那是张面具，试图撕扯下来。但是尼尔，从某个角度看上去，很像汤姆·克鲁斯，却有健忘症和偶发性癫痫。[5]

相同的基因，却有完全不同的表现。那么，如何理解我在第一章里向你展示的那些身体迹象呢？这些迹象只是最普遍的表现，通常会反映出某些基因发生病变，但是那些特性显然不能涵盖所有基因病变的表现。

所有这一切都促使我们发问：为什么基因相同表现形式却如此不同？这是因为基因并不以二元的形式来回应我们的生命。我们将会看到，与孟德尔的发现相悖的是，即使我们继承的基因是非常确定的，它们却能以任何形式来表达自己。尽管，人类最初对遗传规律的理解，是通过孟德尔非黑即白的镜头，但今天，我们正在看到基因表达那丰富多彩的力量。

这就是为什么，作为内科医生，我们正面临着新的挑战。病人找到我们，期待着清晰而明确的回答：是良性还是恶性，是能够治愈还是无药可医。在向病人解释遗传学的时候，最困难的地方在于，我们了解的一切并不是一成不变、黑白分明的。找到向病人解释的最佳方案变得越来越重要，因为他们需要最准确的信息，作出对生命最为重要的决定。

因为你的行为能够，也的确可以控制你的基因命运。

为此，现在我想和你谈谈凯文。

那时他20多岁，高大、健康，英俊、迷人，并且聪明。如果当时我知道有人正好在找一个钻石王老五的话——只要并不过分违背道德——我或许会去撮合他们。

或许是因为我们年龄相仿、背景相近，抑或是都在医疗卫生行业——他在东，我在西。无论如何，我们好像真的心有灵犀。

我和凯文结识于他母亲过世之后不久。凯文的母亲曾与转移性胰腺神经内分泌瘤（metastatic pancreatic neuroendocrine tumors）进行了长期而勇敢的搏斗。在她离世前，一位敏锐的肿瘤学家建议她做一个遗传学检测——进一步揭示她的林岛综合征肿瘤抑制基因发生的突变。

林岛综合征（Von Hippel-Lindau syndome，VHL），是一种能导致人体产生肿瘤和恶性肿瘤的遗传疾病，肿瘤可能产生的部位包括大脑、眼睛、内耳、肾脏和胰腺。一些研究者认为，声名狼藉的哈特菲尔德－麦考伊家族夙怨，[6] 在某种程度上，或许就是由VHL引起的，因为很多麦考伊的后代都患上了肾上腺肿瘤，这种肿瘤会让人脾气变差。当然，并非每个罹患VHL的人都有那种症状——又一个表达性不同的例子。

就像拉尔夫遗传给子女的导致1型多发性神经纤维瘤的突变基因一样，引起VHL的基因也是以常染色体显性遗传的方式来传递的。也就是说只要你从父母一方继承到出错的基因拷贝，你就会患上该病。因为VHL是一种常染色体显性遗传病，我们知道凯文有50%的概率从他母亲那里继承这个问题基因。这足以说服他去做同样的突变检查。事实证明他确实继承了。

VHL 无法治愈。不过，一旦我们知道某人携带突变基因，就能够在症状产生之前加强对肿瘤的监控。这正是我对凯文的建议。至少，大多数遗传了突变或缺失的 VHL 基因的人，仍旧可以依赖另一个正常的基因来维持正常的细胞生长，并阻止肿瘤和恶性肿瘤的形成。

我们管这个叫“克努森（2次打击）假说”。我们体内的基因有两个或两个以上的改变，就很有可能发展出癌症。正如凯文通过遗传检测发现的那样，如果你知道自己只差一个基因就会得癌症，就应该更加小心地对待你的遗传基因。接触辐射、有机溶剂、重金属、植物和真菌的毒素，都是损害基因让其发生不利改变的方式。

可问题是，VHL 能以众多表现方式贯穿患者一生。我们永远不知道它将在何时何地冒出来。这意味着我们不得不密切监视一切。患者需要终生接受医生和保健人员的定期筛查治疗。

毫无疑问，凯文想要知道等待他的是什么。但是因为 VHL 的表现方式如此多种多样，我发现很难回答这个问题，只能重申筛查方案以及判断他最易患哪种肿瘤和恶性肿瘤。

“那么你是在告诉我，”他说，“我们根本不会知道我将死于何因？”

“VHL 引发的多种肿瘤都有治疗方法，特别是在早期发现时。”我答道，“我们根本不知道，你是否会死于 VHL。”

凯文咯咯笑着说：“每个人都会死的。”

我顿感羞愧，“确实，但随着治疗……”

“伴随我的余生。”

“是的，很有可能，但……”

“没完没了的预约和筛查，持续不断的监测和血样，永远无法确知……”

“是的，的确很多，但其他的选项——”

“总有很多其他的选项。”他笑着说，我猜他已作出了选择。

几年后，他被确诊患上了转移性肾细胞肿瘤（cell metastatic renal carcinoma），一种肾癌。听到这个消息，我备感伤心。他再一次拒绝了任何常规治疗，很快去世。

你可能对此疑惑不解：这如何成了表达性差异的例子呢？毕竟，跟他的妈妈一样，凯文过早地悲惨离世。但是，凯文死于一种不同的癌症，且比母亲更早夭折。所以不幸的是，有时表达性差异的确能使基因以不同于前代或同代人的方式表达出来。如果医疗团队采用医学监护技术密切关注凯文的身体状况，确诊之后，凯文本有时间启动针对他那一类型的肾癌的早期治疗方案。但他选择了拒绝。即便凯文遗传了突变基因，如果能了解自己所需的影像监测手段，并在随后坚持的话，他或许不会过早离世。涉及我们自身的健康和生活时，这些选择只能由我们自己作出。我们的遗传基因的多种表达方式，在很大程度上由我们自己来决定。如果我们知道该问什么问题，在得到答案之后又该做些什么呢？[7]

为了更好地理解基因遗传灵活性的概念基础，让我们去法国南特市（法国西部港口城市）的让·雷米图书馆走一遭吧。几年前，一位图书管理员仔细查阅了一些旧文件，发现了一份被长期遗忘的乐谱。

乐谱的纸张又黄又脆，墨迹已然褪色成古老的纸浆色。但是乐谱上的符号仍旧清晰可辨，供人们弹奏出旋律。研究者们没费多少工夫便作出判断：这一张小纸——归档后被遗忘在图书馆档案室里一个多世纪的乐谱——是由沃尔夫冈·阿玛多伊斯·莫扎特亲手完成的稀世珍品。[8]

正如莫扎特600多首为人所知的作品一样，这段旋律是 D 大调的几个小节，被认为是作曲家去世前几年完成的，是一组古典作曲家对所有后世音乐家的指令。莫扎特似乎是一位倚音迷——一种与主音不和谐的短促、刺耳的音符，就是它让阿黛尔那令人心碎的民谣《似曾相识》充满了一种奇特的、沮丧的魅力。[9]尽管现代作曲家大多会使用16分音符代替倚音，这不过是音乐演进道路上的一小步而已。所以，诸如奥地利萨尔茨堡的莫扎特基金会研究主任乌李希·莱辛格这样的钢琴家，能够依照手稿弹出失传已久的曲调。而幸运儿莱辛格就是在220多年前，莫扎特谱写了很多协奏曲的同一架61键古钢琴上弹奏的。[10]

当他弹奏时，这首曲子穿越了时间和空间，就像Dr. Who（神秘博士，英国科幻电视剧主角）那快要散架的穿越时空的老式警察岗亭，得以在现代世界生机勃勃地再现。对于莱辛格那受过训练的耳朵而言，这些音符奏出的曲调明显是信经曲（Credo）——一种礼拜仪式上的旋律。它就像漂流瓶一样带给我们非常重要的信息，因为尽管莫扎特年轻时谱写了很多宗教音乐，但一些学者质疑后来的他是否还有强烈的宗教信仰。

通过对纸张和笔迹的分析，研究人员得出结论：乐谱写于1787年前后，当时莫扎特有在歌剧团写歌剧的稳定工作，不需要因经济原因而为教会写作。莱辛格相信，这显示去世之前的莫扎特依然对宗教兴趣浓厚。

一切推理都源于那几十个音符。

这大致就是我们长期以来对DNA的理解。通过解读音符现代音乐家可以读懂莫扎特的指令，并且几乎原封不动地把它们演奏出来，揭示出隐藏其中的复杂性。我们希望读懂自身的遗传基因上谱写着的生命乐章。从某种程度上来说，的确是这样。

故事还远未结束，我们开始对自身的基因甚至演化的谱系有了全新的认识。人类远不会被DNA因有的编码所奴役，好像一个废旧的iPod永远卡在一首安魂曲上。我们开始知道自己的身体有很大的灵活性。有一种天生的能力来变调，演奏属于自己的不同乐章，以此替代之前对孟德尔式二元论遗传宿命的理解。

这是因为生命，以及支持其运转的基因，并非一张破碎的纸片，而更像一家灯光昏暗的爵士乐俱乐部。或许它也像泰图酒店里的Jazzamba俱乐部，地处埃塞俄比亚首都亚的斯亚贝巴悸动的市中心，来自地球各个角落的红男绿女，喝酒吸烟、放声大笑、意乱情迷。

你听：

觥筹交错的酒杯，移来换去的椅子，呢呢喃喃的低语。

随后，昏暗的舞台上传来贝斯的声音：

Baum-baum-baum bada baum-baum bada.

然后是轻柔的小鼓在悄悄诉说：

Sha-sssss sha-sssss sha-sssss—sha-sha-sssss.

老式柔化的小号：

Braaaght bra-der-dah braaaght-der-der-bra-dah.

最后的是性感迷人的女歌手：

Oooooo-yah bada baaaaaagh. Hayah hayah hayah bada-yagha.

只需一条基础低音线——生命全部的威严和悲剧就会一一累积其上。

的确，为了穿越每一个标志性的发育历程而步入成年，我们确实需要高度复杂的基因交响乐。我们的一切始于一份总谱，比莫扎特还久远，有些音符甚至与地球上的生命一样古老。

但是，仍有很大空间让即兴创作进入我们的生命。时机、音色、音调、音量、动感音效通过细微的化学过程，你的身体正在使用着你所传承下来的每个基因，就像音乐家弹奏乐器一样，铿锵低柔，或急或缓。甚至，如果需要的话，以不同方式来弹奏。就像无与伦比的马友友，能用他那把产于1712年的大提琴，演奏从勃拉姆斯到蓝草音乐（源于美国南部的一种快节奏民间音乐）的一切乐曲。

这就是遗传信息的表达。

远在表面之下，我们体内每一处深邃微小的部位，都是遗传信息的表达。利用微弱的生物能，改变基因的表达方式，满足我们生命的需求。就像生命的高潮和当下的境遇会影响音乐家们演奏乐器的方式，我们的细胞被每一瞬间你已做和将做的事所引导着、表达着。

想想这件事吧，然后让我们来做一个小小的实验：伸个懒腰，动下身体，找到舒服的位置。现在，试着关注你的呼吸，吸气，然后呼气。在几次呼吸之后，大声对自己说（或者至少低声说）你在世上所做的事对自己和周围的人都非常有价值。现在，体会一下这么做是多么充满力量——或者只是很傻。

此时此刻，在你的体内，基因已开始工作，来回应你刚刚的所作所为，从你开始伸懒腰的那一刻就已启动。有意识的身体运动由大脑信号引发，经过神经系统，传导到下一级运动神经元和所有的肌肉纤维中。在这些纤维中，叫作肌动蛋白和肌凝蛋白的蛋白质共同享用着生物化学之吻，将化学能量转化成机械运动。伴随着这种转化，你体内的基因必须立即开始对化学成分进行修复，以听从大脑每一个动作或一组动作的指令——从按遥控器按钮，到跑马拉松。

同样，你的思维也持续地影响着基因，基因不停地变化着，以使你的细胞机制与设定的期望和已有的体验相匹配。你正在创造记忆、情感和期待，所有的一切都在我们的细胞里进行了编码，就像一本旧书页边的注释。使这一切得以进行的大脑内数以万亿计的神经突触，连接着神经元和细胞。神经信号完成沟通的任务之后必须被取代，并由体内产生的微小剂量的化学物质供给。很多神经元时刻处于警戒之中，以制造新的联结，同时维护那些已存在了几十年的旧联结。

所有的一切都是为了应对生命的需求。

所有的一切都改变着你。或许只是倚音和16分音符的差别，又或许，比这个差别更为细微。

但凭借遗传表达的灵活性，你的生命已经改变了你所继承的曲调。

感觉自己很特别吗？理应如此，但是也请保持谦逊。因为我们即将看到，所有种类的生命体，无论大小，都会有类似的改变。不仅仅是生命体可以调节自己，以应对生命的挑战，很多公司也采用相同的策略，来控制市场或调节他们的产品。

我们将会看到，有些策略远在你出生之前就已制定好了，每当有人虔诚祈求，这些策略就会奏效。现在，是时候用另一种方式来理解遗传表达的灵活性了。

如果你想在市场上寻找人生第一块宝石，抑或更高级的石头，那么你或许想了解一些钻石生意的秘密：和很多其他的宝石不同的是，钻石实际上并非那么稀有。

是的。世界上有很多钻石，很多很多，大的、小的，蓝色、粉色，还有黑色的。它们遍布数十个国家、各个大洲，除了南极洲之外。但是近期澳大利亚的研究者声称，在南极附近找到一种名为金伯利岩的富含钻石的火山岩，因此，在世界各地找到钻石只是时间问题而已。[11]

现在，如果你在钻石上花费不菲，如果你也了解钻石的供需关系，那么情况似乎不太合理。地球上有如此多的钻石，为什么还会如此昂贵？

这都是拜德比尔斯公司所赐（全球最大的钻石开采公司）。

这家饱受争议的公司创办于1888年，总部位于卢森堡大公国，是坐拥世界上最多的钻石库存的公司之一，大多数闪闪发光的石头都被藏了起来。德比尔斯公司控制着从钻石开采、生产加工、再到手工制作的整个流程，几代人都垄断着几乎全世界的钻石交易。它适时向市场投放一定量的产品供给，以便让价格持续走高，保持市场稳定，并保证一块相对普通的石头在其持有者眼中（或钱包里）显得非常珍贵。[12]

余下的工作就看市场营销的把戏了。在第二次世界大战之前，没有几个人交换订婚戒指，而镶嵌于订婚戒指上的石头种类有很多，钻石不过是其中一种。可是在1938年，德比尔斯公司雇佣一位名为格雷德·劳克的麦迪逊大道广告商，让他想办法说服年轻人相信，一块闪闪发光、压缩紧密的碳，是用来向心上人表达订婚意愿的唯一选择。到20世纪40年代初，劳克的营销术，成功说服了好多西方人，钻石确实是女孩子们最好的朋友。[13]

实业家亨利·福特也喜欢用同样的方法垄断市场。他很可能曾密谋此事，但是福特的产品及其生产过程在当时太过复杂了，因此他别无选择，只能与许许多多的供应商合作。

这令福特遭遇了无尽的挫败。被称为人民大亨的他，或许是世界上第一位工业生产效率的著名信徒，我们现在可以理解，效率是我们的基因所采用的相同策略，通过表达得以展现。不出所料，福特花费了大量时间，来研究如何尽可能多地使用流水线生产汽车。

福特在他1922年完成的一本书《我的生活与工作》中写道："我们发现只购买当下所需的原材料是最划算的，我们仅购买与生产计划相匹配的原材料，只要稍微顾及当下的运输状况即可。"[14]

"唉……"福特哀叹道，"运输状况非常糟糕，如果运输状况是完美的，完全没有必要保持库存。原材料的运输将会按期到达，以计划好的数量及顺序，让铁路车厢直接进入生产车间。这能节约一大笔钱，因为流通速度快，压在货物上的资金量会因而减少。”

福特的话确有先见之明，但他还没来得及解决这个问题，就撒手人寰了。最终，日本汽车制造商肩负起这一责任，把供应链绑定在当前急需的生产体系上，迈出了很大的一步。这个过程就是我们现在常说的准时制，或称为“JIT 生产”。日本丰田汽车公司的高管们采用的就是 JIT 生产模式，而在20世纪50年代的美国，这种生产模式并非由他们所拜访的美国汽车公司首创，而是首先由顾客顺道光顾的名为皮格利·威格利（Piggly Wiggly）的自助式杂货店所采用。这家连锁杂货店一个新颖的创意就是，当货物被顾客从货架上取走时，会自动调配库存进行补充。[15]

应用这种技术有很多好处，当运用得当的时候，这套系统既能为商家赚钱，也能帮他们省钱。当然，它也并非十全十美，最大的一个缺陷就是整个体系易受供给的影响。像自然灾害、工人罢工等因素，会打乱原材料的供给。一旦这些情况出现，工厂就将完全停产，顾客也会空手而归。

苹果公司则遭遇了 JIT 生产方式的另一个缺陷：当公司无法将原材料及时送进工厂时，一个对 iPad Mini 不期而遇的需求大潮超过了公司的生产能力。

了解商业领域采用和遗传表达类似的策略，有助于我们理解自身大多数细胞所采用的生物策略，是如何降低了生存成本的。就像一家企业，我们的身体也有一条无情的底线。这样做让生命持续的存在成为可能。

在此方面，相比于沃尔玛的运营模式，我们向好市多公司借鉴的更多一些。因为利用基因制造东西是有生物学成本的，所以我们要从制造的东西中得到最大的收益。就像好市多公司的雇员那样，我们的生物学旨在提高劳动生产率，这意味着我们的目的是使用最少数量的酶，完成需要完成的工作。酶像微观分子机器一样运作，是一个由我们的基因所编码的结构。一些酶能够加速化学反应过程，其他的酶，比如胃蛋白酶原，被激活的时候能帮助我们消化蛋白质食物。还有一些酶，比如隶属于P450酶系的酶，则能帮我们解除体内有意无意吸收了的毒素。

总体来说，我们的身体只在必要时制造所需要的东西，并把身体库存限制在最低量。我们是通过遗传表达来实现这一过程的。

就像耗费数百万年、历经多次挤压而形成的钻石，在生物层面上，酶的产生要付出昂贵的代价。为了降低成本，我们体内很多酶的产生都是被诱发的。也就是说，当我们需要某种酶的时候，身体能调动资源以产生更多的酶备用，这就是生物学意义上的生产更多 iPad Mini 以满足增长了的需求。你或许继承了制造酶的基因，但是不一定总会用到它。

在生命中的某个时刻，其实你已经体验到这个过程，只是并未意识到在这个过程中自己的主动作用。如果你曾在某个长假的周末饮酒作乐，那么你就经历过这个过程了。作为对你寻欢作乐的反应，你的肝脏细胞超负荷工作，生产所需的各种酶来分解过量饮用的玛格丽特酒。

你一直都有办法提高产量以满足需求，这一回是产生乙醇脱氢酶来分解酒精，这个能力就潜藏在你的肝细胞内，为你下一次的饮酒狂欢做好了准备。但是，它或许不会大量储存，就像摆放在工厂地面上的多余零件，这些酶不仅占地方，而且当你并未过度饮酒时，生产和维护它的代价比较昂贵。

生物世界中几乎一切事物都以同样的方式运转着，以便降低生活成本。这种运转方式确有必要。如果把所有能量都耗费在用不着的酶上面，你就无法将宝贵的资源用于其他日常事务，比如持续不断的大脑适应过程。

航天员就是个很棒的例子。在登陆国际空间站后不久，他们的心脏就比原来缩小了近1/4。[16]

这就好比，用一辆不到150马力的Mini Cooper替换一辆300马力增压的福特野马汽车，这能在加油的时候给你节省一大笔钱，太空中的失重环境意味着航天员并不需要过于强劲的心脏动力。* 但这也是太空旅行者在返回地球，重新适应重力环境时，经常感到头晕，有时甚至昏厥的原因：这就像Mini轿车，想要攀上陡峭的山路——他们的心脏无法推送足够多的血液以及血液中所运载的氧气进入大脑。

你根本无须去空间站走一遭，心脏就会缩小。在床上躺几周，你的身体就会开始萎缩。[17] 但是，我们的身体也有着令人惊奇的恢复能力——只需要让它知道，自己需要这种恢复力量。这不难做到，因为我们的细胞具有难以置信的可塑性。我们每天所做的事，对基因指示细胞做的事具有很大影响，这是另一个基因遗传方面的动力，把你从沙发上请出来。

在我们讲完基因表达之前，还有一件事我们可以共同探索一下。

乍看上去，毛茛属植物苔（ranunculus flabellaris）或许没有什么值得大惊小怪的。多生长于美国和加拿大南部森林湿地的黄色水毛茛属植物，其实没什么可看的，然而当你找到其中一棵时，你所看到的是一株能完全改变外表的植物，这取决于它距离水的远近。我们把这种改变叫作异形叶性。

---

* 我们的心脏要付出很大力量让血液摆脱重力束缚而得以传输。在空间轨道上，我们的血液会处于失重状态，我们的身体可以以同样的方式进行血液循环，且所需要的力要小很多。这就是为什么我们在太空中心脏会变小。

这种毛茛属植物通常沿着河床生长，对植物来说这可能很危险，因为河流会随着季节的变化而定期泛滥。对于这样一种娇弱的小花来说，简直就是灭顶之灾。但是生活在这种栖息地的边缘，并未抑制其生长，反倒让它生机勃勃，因为遗传表达让它有能力完全改变叶子的形状——从圆形刀片状到像细线般的细长叶形，这样一来，当河水溢出河堤时，它能漂浮在水上。[18]

外形改变的同时，这种毛茛属植物的基因组保持不变。对于匆匆过客，它看上去是一株完全不同的植物，但在其内部，它的基因并没有任何变化。改变了的只是它的表现型，或可见样貌。

正如一个宇航员的身体可以从野马汽车变为Mini Cooper，再从Mini Cooper变回野马汽车，基于生存条件，毛茛属植物生长环境的另一种变化——伴随换季而出现的河面高度的下降——这种植物又变回了原先的叶子生长的类型。这种变化完全是为了生存下去。

表现形态只是植物、昆虫、动物甚至人类所采用的众多策略之一，以应对生活的严峻。然而，在所有策略中，只有一个关键因素：那就是灵活性。

我们现在所了解到的就是，我们的基因是更大的灵活之网的一部分。这与我们已知的基因理论是相反的。我们的基因并不像大多数人所认为的那样一成不变、僵化死板。如果基因真是这样的话，我们将无法适应环境——像水里的黄色毛茛属植物那样——适应生命中不断变化的需求。

孟德尔在他的豌豆实验中没能发现，并且他身后数代遗传学家继续忽视的就是，不仅仅基因赋予我们的非常重要，我们赋予基因的也同样重要。因为事实证明——后天能够并确实超越了先天。

正如我们即将看到的那样，这个过程一直在上演。

第3章 改变我们的基因

创伤、欺辱和蜂王浆如何改变我们的基因命运

大多数人知道孟德尔的豌豆实验，也有人听说过他被中途阻断的关于老鼠的研究。但大多数人不知道孟德尔也研究过蜜蜂。他称蜜蜂为“我最最亲爱的小动物”。

谁会责怪他如此恭维呢？蜜蜂是令人有着无尽兴趣的美丽生物——而且，对于了解我们自身，它们教会了我们很多。例如，你是否目睹过一个蜂群跟随一个蜂后在分蜂*时，成千上万的蜜蜂密密麻麻地在空中移动的震撼场面？在这股飘忽不定的“龙卷风”中间的某个位置，就是那个离开原有蜂巢的蜂后。

她究竟是谁，享有如此盛大的仪仗队？

好吧，让我们来看看蜂后。首先，就像人类的时装模特，蜂后比工蜂姐妹们有着更长的身子和腿。它的腰身更细长，有着光滑而非毛茸茸的腹部。因为常常需要保护自己免遭年轻的王室新贵们发起的昆虫界政变，蜂后拥有在需要时可随时反复使用的螯针。不像其他雌性

* 原蜂群的蜂王与一半以上的工蜂及部分雄蜂飞离原巢另择新居，建立一个新蜂群的现象。——编者注

工蜂的螯针，一旦使用就意味着死亡。蜂后的生命可长达数年，而一些工蜂却仅能活几个星期。蜂后一天之内可以产卵数千，所有王室成员的基本需要都由无繁殖能力的工蜂们照管。*

所以说，蜂后可真是个大人物。

从它们之间的巨大差别来看，你可能很容易设想蜂后在基因层面上与工蜂不同。这种想法也说得通——毕竟蜂后的身体特征与工蜂姐妹们很不一样。但从深层来看——DNA 的角度，一个完全不同的故事就浮现出来了。事实上，从遗传学的角度来说，蜂后没有任何特别之处。一只蜂后与其他的雌性工蜂可能来自同一父母亲，它们可能有着完全相同的 DNA。尽管，在行为、生理机能和解剖结构上，它们的差别巨大。

为什么？因为幼虫期的蜂后吃得更好。

这就是原因，全部的原因。所吃的食物改变了雌蜂们的基因表达——通过特定基因的关闭或开启，这一机制被称为表观遗传学。当蜂群决定需要一个新的蜂后时，会选择少数幸运的幼虫，将其浸泡在蜂王浆中，这种分泌物由年轻的工蜂口中腺体产生，富含蛋白质和氨基酸。最初，所有的幼虫都能一品蜂王浆的滋味，但要成为工蜂的会很快被排除在外。小公主们却能一直吃呀吃，直到“化蛹成蝶”成为一群拥有贵族身分的优雅皇后。而率先杀掉它的其余皇室姐妹的那一个，将成为蜂后。

蜂后与工蜂的基因并没有什么不同，但是它的基因表达如何？最终却成为皇室贵族。[1]

幼虫伺服蜂王浆而成为蜂后，养蜂人深谙此中之道已有几

* 工蜂有时也可以排卵，最终孵化为雄蜂。但是考虑到它们繁殖基因的复杂性，工蜂的卵不能孵化为雌性工蜂。

世纪——或许更久。但无人确知具体缘由，直至西方蜜蜂（*Apis mellifera*）的基因组在2006年被成功测序，并于2011年明确了其等级分化的具体细节。

就像这个星球上的其他生物一样，蜜蜂与其他动物——甚至人类，享有许多相同的基因序列。研究者很快注意到其中一条相同的基因编码为 DNA 甲基转移酶 β，或称 Dnmt3，通过后天的表观遗传机制，它可以在哺乳动物体内改变某些基因表达。

研究人员使用化学物质在上百只蜜蜂幼虫体内关闭了 Dnmt3 后，它们全变成了蜂后。而将另一批幼虫的 Dnmt3 激活后，它们都长成了工蜂。并不像预期的那样——蜂后比工蜂多一些东西，事实上，反而还少了一些——吃那么多的蜂王浆，只是为了关闭成为工蜂的基因。[2]

当然，我们的日常饮食不同于蜜蜂，但是关于基因是如何表达自身来满足我们的生命需要的，[3]它们（以及聪明的蜜蜂研究人员们）已经给我们展现了许多惊人案例。

就像人类在一生之中承担着一系列固定的角色一样——从学生到某行业的工作人员再到社区老人——工蜂从生到死也遵循着既定的模式。起初，工蜂是管家和殡仪员，它们维护蜂巢的整洁，在必要时处理死去的兄弟姐妹，以保护蜂群免遭疾病侵袭。随后，它们大多会成为保育员，每天共同协作，上千次地密切关注着蜂巢内的每一幼虫。最后，在两周左右的成熟年纪，它们开始出去搜寻花蜜。

来自美国约翰·霍普金斯大学和亚利桑那州立大学的一队科学家发现，有时，当蜂巢需要更多的保育员时，采蜜的蜜蜂会回到保育员的岗位上。科学家们想要知道其中奥秘。于是，通过仔细搜索驻留在某些基因顶端上的化学“标记”，他们开始寻找蜜蜂在基因表达上的不同点。的确，当他们比较了保育员和采蜜蜂之后，超过150个基因在标记的位置上有差异。

科学家们决定玩个小花招。当采蜜蜂离巢去寻找花蜜时，研究人员移走了保育蜂。采蜜蜂回巢之后，因为绝不能允许幼虫被如此忽略，它们便立即复原为保育员。几乎就在同时，它们的基因标记模式也改变了。[4]

基因之前没有表达的，现在表达了。基因之前表达的，现在不表达了。采蜜蜂并不只是在做另一项工作，它们也是在履行着一个不同的基因命运。

我们看上去很不像蜜蜂，感觉上也不像蜜蜂。但是，我们和蜜蜂却分享着数量惊人的相似基因，包括 Dnmt3。[5]

就像蜜蜂，我们的生命也可能会受到基因表达的重大冲击，变得更好或更坏。

以菠菜举例。它的叶子富含一种叫作甜菜碱的化学成分。在自然界或一个农场里，甜菜碱可以帮助植物抵御环境压力，如缺水、高盐度或者极端温度。但是，在你的体内，甜菜碱可以作为甲基供体——甲基参与一系列化学反应，并改变基因编码。美国俄勒冈州立大学的研究人员已经发现，烹饪的肉制品中致癌物造成的基因突变，在很多吃菠菜的人的体内，表观遗传的变化可以帮助人体细胞抵抗。事实上，在针对实验室动物的试验中，研究员发现甜菜碱能将结肠肿瘤的发病率降低近一半。[6]

以一种非常微小但却十分重要的方式，菠菜中的化合物可以引导我们体内的细胞作出不同的表达——就像蜂王浆引导蜜蜂朝不同方向生长一样。所以，是的，吃菠菜看上去能够改变你的基因自身的表达。

还记得我曾告诉你说，孟德尔如果没被主教沙夫戈奇阻断他的老鼠实验，可能会碰巧发现比他的遗传理论更具革命性的东西吗？好，现在我想要说，那一观点最终是如何成为众所周知的理论的。

首先，这需要时间。自孟德尔去世，过去了90多年，也就是1975年，各自忙碌的美国遗传学家亚瑟·里格斯（Arthur Riggs）和英国的罗宾·霍利迪（Robin Holliday）几乎在同时有了一种想法：虽然基因本身是确定的，但基因对一系列刺激的反应却可能有不同的表现，并且会因此产生各种差异性特征，而非通常认为的和基因遗传有关的固定特征。

突然之间，基因遗传突变只能通过史诗般的缓慢进程被改变，这一观点陷入激烈的争论之中。然而，就像孟德尔的观点已被人完全忽视一样，里格斯和霍利迪各自提出的理论也很快被世人抛之脑后。一个关于遗传学的观点再次因为超前于时代而被人忽视。

又过了20多年，由于圆脸科学家兰迪·杰托（Randy Jirtle）的惊人研究，这些观点以及它们的深远意义才得到广泛接受。和孟德尔一样，杰托猜想遗传学的研究绝不止于眼睛所见到的这些。和孟德尔一样，杰托猜想答案会在老鼠身上发现。

杰托用刺豚鼠做实验。它所携带的一种基因使得刺豚鼠体态丰满并呈鲜亮的橙黄色，像个布偶。其间，杰托和他在杜克大学的同事们的一个偶然发现，在当时可谓令人震惊。仅在雌性刺豚鼠怀孕之前的饮食中加入少量营养素，比如胆碱、维生素B12和叶酸，它们的幼崽就会体形更小，且体毛呈斑驳的棕色，总体来说外观更像老鼠。研究人员们后来发现这些刺豚鼠也不易得癌症和糖尿病。

完全相同的DNA，完全不同的个体。这些不同个体的区别仅仅是基因表达的不同。实质上，刺豚鼠母亲的饮食变化在幼崽的遗传编码上留下了记号，导致刺豚鼠的基因关闭，而这种特性基因的关闭状态会被代代相传下去。

这仅仅是个开始。在遗传学快速发展的21世纪，杰托的“布偶们”已经降级为辛迪加的重播节目了。每天我们都能获悉改变基因表达的新方式——在老鼠和人类的基因中。对于我们能否干预基因表达，这一点已经毋庸置疑。目前，我们正在测试如何利用已被核准的供人类使用的新药，以期用这些方式可以让我们及我们的孩子能活得更久、更健康。由里格斯和霍利迪所构建并由哲塔尔和他的同事使其获得广泛接受的这一理论——现在被称为表观遗传学。广义来说，表观遗传学是研究基因表达变化的一门科学。它源自生存条件的变化，就像我们看到蜜蜂的幼虫被浸入蜂王浆中成为蜂后，而并未改变基本的DNA。表观遗传学是发展最迅猛和最令人兴奋的领域之一，主要探究基因的可遗传性，也就是基因表达的变化如何影响下一代及其后代。

基因表达变化的发生，通常是通过一种叫甲基化作用的表观遗传过程。不改变基本的核苷酸排列，也有很多方法可以修正DNA。甲基化作用的工作原理，就是将由氢和碳组成的三叶草形状的化合物，附加在DNA上改变基因结构，通过这种方式使细胞按照我们所要求的形式存在和行动，或是继续秉承上一代的要求活动。甲基化作用“标记”对基因的开启或关闭会带来癌症、糖尿病或出生缺陷。但是不要绝望，因为它们也能影响基因表达而让我们更健康、长寿。

而且，在一些意想不到的地方，这种表观遗传变化看上去还蛮有效果，比如，瘦身夏令营。

遗传研究人员决定追踪一个200人的西班牙青少年团体——他们在为期10周的夏令营里与肥胖做斗争。遗传学家们发现，如果在开营之前，对青少年们的基因实施开启或关闭操作——大约在他们的基因组中选5个位置。事实上这样就可以对营员们的夏日体验实现逆向工程控制，即依据以上所采用的甲基化作用模式，预测哪些少年将减掉最多体重。[7] 在夏令营里，一些孩子因表观遗传学注定会瘦身成功，而另一些会继续肥胖下去，哪怕是费尽心血地忠实执行顾问制订的饮食方案。

我们正在学习，如何将从诸如以上的研究中获得的认识加以运用，从而使我们得以从自身独特的表观遗传构成中获益。青少年甲基化作用标记的事例说明，不管是减肥或其他诸多事情，了解我们自身独特的表观基因组是多么关键。从这些西班牙营员身上可以学到，从探索自身的表观基因组开始，找到最佳减肥策略所需的信息。对一些人来说，这或许意味着省去根本就不起作用的夏令营高昂的减肥费用。

除了我们继承而来的DNA，表观基因组亦远非静态，也会因我们对基因实施的行为而受影响。我们很快意识到对表观基因的修饰，例如甲基化作用，非常容易产生影响。近年来，遗传学家通过诸如开启和关闭，或是上调和下调容积，甚至对已被甲基化的基因重新编程等多种方式来进行基因表达探究。

改变基因表达的容积就意味着良性增生物和恶性肿瘤间的差别。

我们吞下的药片、吸入的香烟、喝下的酒精、参加的锻炼和受过的X射线，都可以导致表观遗传变异。

并且，压力也可以导致变异。

在杰托的刺豚鼠实验基础上，苏黎世的科学家们想要看看童年早期的心理创伤是否能够影响基因表达。他们在鼠仔尚未睁开眼、听力尚未发育、毛发稀少的状态下，将它们从鼠妈妈身边偷走，3小时后再送回。第二天，再次重复这一过程。

如此持续14天之后，停了下来。最终，像所有老鼠一样，鼠仔们睁开了眼睛，有了听力，也长了些皮毛，进入成年。但是经受了两周的痛苦折磨，它们长成了环境适应能力明显不良的小啮齿目动物。尤其是，它们似乎无法评估有潜在危险的地方。被置于危险情境时，它们没有反抗或解脱的努力，直接就放弃了。更惊人的部分是：它们将这种行为传给了自己的幼仔——幼仔又传给了下一代——尽管后代未卷入任何类似的饲养。[8]

换句话说，一代老鼠的心理创伤会以基因遗传的方式在后两代身上展现出来——这真是不可思议。

这里有必要说明的是，一只老鼠的基因组与人类有99%的相似度。而且，在苏黎世的研究中，受到影响的两种基因——Mecp2和Crfr2——被发现在老鼠和人体中同时存在。

当然，我们不能确保发生在老鼠身上的现象同样会发生在人身上，除非得到验证。但想要验证非常有挑战，因为人类有着相对较长的寿命，这使得探寻代际间变化的测试难以实施。研究人类时，也很难分离自然与教养的影响。

这并不意味着我们无法看到压力作用在人身上所引发的表观遗传变异。大多数人已然见过。

记得我请你回忆7年级的时光吗？对于我们当中的某些人来说，回溯如此遥远的时光可能会唤起一些十分不愉快的经历。如果可以选择，宁愿不去回忆那些事情。真实的数字难以获得，但估计至少有3/4的孩子在生活的某个时期被欺负过。这意味着，在成长过程中你也有很大概率成为这种不幸体验的亲历者。而现在有些已为人父母的，对孩子在校内外的经历和安全，担忧更是与日俱增。

直到最近，我们一直在思考和谈论欺辱带来的严重后果及长期影响，主要是在心理方面。大家都认同欺辱会留下严重的精神创伤。一些儿童和青少年经历的巨大心灵伤痛，甚至会导致他们在思想和行为上产生自虐倾向。

被欺辱的经历令我们背上严重的心理包袱。但是，如果远远不止如此呢？为了寻求答案，几对同卵双胞胎从5岁开始，成为来自英国和加拿大的一组研究人员的研究对象。除了拥有相同的DNA，每一对双胞胎此前都没有过受欺辱的经历。

你将会很乐意得知，令研究对象精神受创是不被允许的，因此孩子们不会像瑞士老鼠所遭遇的那样。取而代之的是，生活中别的孩子做了研究人员那些"科学不良工作"。

耐心地等待数年后，研究人员重访了那些在两人当中只有一人经历了欺辱的双胞胎。深入他们的生活时，研究人员发现了以下事实：现在，在12岁的年纪，出现了这些孩子5岁时不曾出现的显著的表观遗传差异，且只出现在受到欺辱的那个孩子身上。这意味着，对未成年人而言，受欺辱的经历不只是造成自我伤害倾向的一种风险，就基因遗传来说，它确实改变了基因机制，重塑了我们的生活方式，并很有可能还会传递给后代。

从基因遗传的角度来看，这种变化是以怎样的形式发生的？一般来说，受到欺辱的那人体内有种基因叫 SERT（血清素转运体），它是一种蛋白质的遗传密码，帮助神经递质血清素进入神经元细胞，该基因的转录区被大量甲基化。这一变化被认为降低了由 SERT 基因转录的蛋白质数量——意味着，甲基化作用越多，基因被"关闭"越多。

这些发现意义重大——因为这些表观遗传变化能够存留、贯穿我们一生。就算你不能记起被欺辱的细节，你的基因却记得。

这还不是研究员发现的全部。除了观察到的遗传基因的变化，他们还想探究双胞胎们是否还有任何与此相对应的心理变化。为了验证该问题，研究人员将双胞胎们置身特定的情景测试中，包括公开演讲和心算——都是大多数人会觉得有压力而宁愿回避的经历。研究人员发现，双胞胎中，有过受欺辱经历的那一位（并有相应的表观遗传变化）置身于不愉快的情境时，皮质醇（一种肾上腺应激激素）反应特别低。欺辱的经历不仅减少了这些孩子 SERT 基因产生表达的数量，还使他们在压力下降低了皮质醇的水平。

起初，这一发现听上去可能有违“常识”。皮质醇是“应激”激素，人们在有压力的情境下通常会升高。那么，为什么在有欺辱经历的孩子那儿反而会变迟钝了呢？你一定会想，不是在皮质醇水平升高的情况下才能说明他们遭受了更多的压力吗？

这变得有点复杂，但别紧张：作为持久性的欺辱创伤反应的后果，受欺辱的孩子 SERT 基因可以改变下丘脑－垂体－肾上腺轴（HPA），它通常帮助我们处理日常生活中的压力和挫折。根据科学家在受欺辱双胞胎身上的发现，甲基化作用越强，越多的 SERT 基因会被关闭；SERT基因关闭越多，皮质醇反应越迟钝。在创伤后应激障碍（post-traumatic stress disorder，PTSD）的人群中，这类迟钝的皮质醇反应常常也可以看到，由此你就能理解，由基因所作出的这种相应反应对人体生理机能的影响可以达到什么程度。

剧增的皮质醇可以帮助我们应对艰难时刻。但长时间超高的皮质醇状态很快会令我们的生理机能“短路”。所以，面对压力，皮质醇迟钝的反应状态，是其中那个日复一日受到欺辱的孩子的表观遗传反应。也就是说，为了保护受欺辱的孩子免于过量的、持续的皮质醇应激状态，表观基因组相应变化了。在这些孩子身上，这样的妥协方式是一种有益的表观基因适应性的体现，能够帮助他们挺过持续的欺辱。这样的一个结果可谓令人震惊。

生活中，我们的基因大多倾向于短期反应而非长期反应。当然，面对持续的压力，短期内减缓反应是很容易的，但从长远的观点来看，表观遗传变化造成长期迟钝的皮质醇反应会导致严重的精神疾病，如抑郁症和酒精成瘾。这可不是吓唬人，这些表观遗传变化很可能从一代遗传到下一代。

如果在个体身上发现了这些变化，如遭受欺辱的双胞胎孩子，那么影响到许多人的集体创伤性事件会如何呢？

悲剧，始于纽约市一个清爽的周二早晨。2001年9月11日，2600多人在纽约世贸中心或附近死去。很多目睹这一袭击惨状的纽约人心理受到重创，在以后数月乃至数年内患上了创伤后应激障碍（PTSD）。

雷切尔·耶胡达（Rachel Yehuda）是精神病学和神经科学方面的教授，在纽约西奈山医疗中心的创伤后应激研究部门工作，对她来说，这场悲剧的发生提供了一个特别的科研机会。

耶胡达早就了解到，有PTSD的人体内通常应激激素皮质醇水平较低——在20世纪80年代末，她首次从所观察的退伍老兵身上看到这种影响。她知道该从哪儿着手，于是她开始收集来自怀孕女性的唾液样本。9·11当天，她们都在世贸中心或附近。

的确，这些孕妇基本上都发展出PTSD，有着明显较低水平的皮质醇。她们生育的婴儿也是如此，尤其是袭击当晚处于妊娠晚期的婴儿。

那些婴儿现在都长大了，耶胡达和她的同事们仍然在调查他们因袭击受到的影响。耶胡达们已经确定，受到创伤的母亲生下的孩子更容易感到忧虑。[9]

这一切意味着什么？与已有的动物研究数据结合起来，可以明确得出结论：即便在我们接受了治疗、感觉新生活已经开始的时候，基因还是不会忘记我们很长时间以前的经历。基因仍将记录和保存着那些创伤。

因此，不得不问的仍然是：我们究竟会不会将经历的创伤，如欺辱或者9·11袭击，传递给下一代呢？我们之前认为，几乎所有留在基因密码上的表观遗传记号或标注，就像在乐谱边上做的记号一样，会在怀孕之前被清理、移除干净。正当我们准备将孟德尔抛在脑后时，却得知好像不是那么回事。

事实逐渐明了，在胚胎发育时的确存在表观遗传易感性的通道。在这个重要的时间框架内，环境应激源（如营养不良）影响着某些基因的开启和关闭，进而影响表观基因组。是的，在胎儿生长的关键时刻，我们的基因会被表观遗传刻下印记。

但是目前还没有人准确知道这些时刻发生的确切时间，为了保险起见，妈妈们现在有了一种基于基因遗传的动力，促使其在整个怀孕期间都要从始至终地注意自己的饮食和压力水平。目前的研究甚至显示，一些因素，如母亲在怀孕期间过于肥胖，也能造成胎儿体内新陈代谢的程序重编，将婴儿置于患病的风险中——例如糖尿病。[10] 这也进一步支持了产科学、母婴医学内的观点趋势——不鼓励怀孕期间的妇女吃得过多。

另外，在瑞士老鼠的创伤实验中，我们已看到许多表观遗传变化可自一代遗传给下一代。这让我想到，在不久的将来，会有大量确凿的证据，证明人类对于这种类型的创伤性表观遗传并不是免疫的。

尽管如此，你远远不必感到无助，因为我们对于遗传的真正含义，以及能做些什么来影响我们的遗传基因——从好的方面（比如菠菜）和坏的方面（比如压力），已掌握了大量信息。虽然从基因遗传特征中完全摆脱是不太可能的，但是你了解得越多，将越能够明白，你所做的选择会给这一代、下一代，以至后代的每一个人带来巨大变化。

因为，我们已经知道，基因不仅是我们自身人生经历的总和，也带有父母和祖先经历过的每个事件的印记，无论是欢愉还是令人心痛。因此，我们正在检验自己的能力，看看是否能够通过所做的选择来改变我们的基因命运，并将这些改变传给后代——可以说，我们正在彻底颠覆曾经备受珍视的孟德尔遗传定律。

第4章　用进废退

生活与基因共同导致骨骼的断裂与重生

医生和毒贩，他们似乎是唯一还在用BP机的人。当我在拥挤的餐馆里或进入剧院前查看寻呼机时，我常想知道其他人对于我的做法会怎么想。

最近的一个早晨，当寻呼机响起的时候我正在医院熙熙攘攘的中央广场“星巴克”排队。队伍排得很长，眼看就要排到了，我几乎可以抓起空杯写下我要的，但站在前面的女人正以非常悠闲的姿态点着超大杯双份咖啡、大豆摩卡什么的……

如此近，又是如此远。

我走开去回寻呼。电话的另一端，是来自儿科的一位女性，她正在照料一个多发性骨折的年轻病人。她问我可否过去会诊这个小女孩。儿科医生们即将完成一些常规检查，大概15分钟后可以见我。我在餐巾纸上匆匆记下房间号码，回去排队。才离开两分钟，队伍已比我离开时明显加长了。

我并不真的介意，借排队多花的时间正好可以整理一下思路。我开始在脑海中推演小孩的惯发骨折症状——如果这样，然后那样……

如果那样，然后这样——这能帮我评估她的病情。

这时，我想到骨骼赋予身体各部位的特殊连接方式。

从万圣节时期后院里的塑料装饰到《加勒比海盗》，我们有大量的机会熟悉骨架。即使体内的206根骨头你叫不出任何一根的名字，你仍然可以画出非常基本的骨架图形。这种对骨架的整体印象让我们在讨论身体如何应对不断变化的生命需求时，变得很容易想象。

我们的骨架跟身体大多数系统一样，依循着“用进废退”的生物学箴言。活动与静止，都会唤起基因进入运作模式，要么让骨骼健壮、有延展性，要么像粉笔一样多孔而脆弱。这样看来，我们的生活经历影响了我们的基因。

但不是所有人的遗传基因都知道如何创造生命所需的坚韧骨架的骨骼类型。我推测那个小病人的情况就是如此。热烘烘的格列伯爵茶终于拿到手，我乘着电梯来到7楼，敲开病人的房门。在病床上，出现在我面前的是一个黑发、穿着瘦小病号服的可爱女孩。她叫格蕾丝，今年3岁。

她的眉毛上有汗水，可能是骨折太疼了。我快速地扫视着，内心里一一记下所见的情况，一边把窗帘拉上，隔开外面嘈杂的走廊，让我的病人多一点隐私。

很快，我注意到一个非常重要的特征——

她的眼睛。

利兹和大卫不能生孩子。很长一段时期以来，这看起来也没什么。

利兹是一个有天赋的平面艺术家，大卫是会计师，有着自己的公司。他们都很高兴能将时间投入到事业中，并专注于彼此。假期，他们环游世界；在家中，他们享受最好的条件。

他们看到有孩子的朋友们为了全家每周一次的驾车出游大费周折，看到他们要考虑给孩子报考学校，出席家长会，报名音乐课，安排体育锻炼，安排夏令营。这些家长清晨6点就得起床，事太多了。

看上去完全出乎意料，有一天，这对夫妻的态度彻底变了。发觉这一点，他们自己也感到惊奇不已。

世界各地都有需要父母的孩子。当利兹研究发现这一点时，她知道该怎么做了。

1979年，在即将成为世界首个突破10亿人口大关的国家时，拥有最多人口的中国制定并开始实施独生子女政策——当时还有很多居民面临着住房、温饱、就业的问题。政府的医疗部门开始实施生育控制。

在这个充满争议的政策贯彻实施的5年中，中国开始允许外国人领养孩子。

利兹和大卫当然明白收养的过程将充满挑战。即使进展顺利，希望收养的父母从开始联系服务机构到把孩子带回家，也要耗费数年。不过，如果夫妻愿意收养身体有缺陷的孩子（一般是医学上可“矫正”的问题，比如唇腭裂），有时会稍微顺畅一些。

有一种相当常见的疾病叫作先天性髋关节发育不良（Congenital hip dysplasia），就是孩子出生后髋关节很容易脱位。在大多数发达国家，儿童都有很好的医疗保健，如果在发育早期进行校正，髋关节发育不良一般都可以治愈。但是在缺乏医疗资源的国家中，这些孩子最终会有重大的身体缺陷。这对夫妻得知，格蕾丝正是有这种问题。

但利兹和大卫瞬间就爱上了这个孩子。从第一眼看到格蕾丝的照片那刻起，他们就知道她就是他们想要找的女孩。他们从收养服务机构获得格蕾丝的资料，又咨询了一位儿科医师。医师让他们确信，一旦格蕾丝来到北美，她的情况将是容易医治的。

给予格蕾丝所需要的医治，看上去只是有幸成为她的父母要战胜的一个小小障碍。于是利兹和大卫订了去中国的机票，并为了儿童的起居和安全，着手改造房间。

对于这个未来的女儿，他们了解到的很少。对方告诉他们，一年前，格蕾丝被遗弃在孤儿院门前，当时她大约有两岁。孤儿院在中国的西南城市昆明，当利兹和大卫到达这里去接他们的女儿时，却发现事情没那么简单。

他们知道会见到一种人字形的圆柱石膏绷带，从腰部开始交叉支撑住两腿。让他们唯一惊讶的是，那石膏是如此之大，而女孩是如此之小——只有5千克重的瘦弱女孩，看上去就像被一只大石膏怪物给吞掉了。

不过，利兹和大卫记着医生的话，仍然确信格蕾丝的病情只是暂时的，可以根治。看到这对夫妇并未对小姑娘的病情带来的挑战感到烦扰，孤儿院的一位工作人员把他们叫到一旁，说自己是多么高兴格蕾丝可以跟着他们回家。

“你们是她的命运之神。”她说。

是的，他们绝对是。

几天之后，他们回到了北美。儿科医师很快造访并做了检查，之后，格蕾丝脱掉石膏，开始有规律的治疗髋关节发育不良。

但是，隐藏在石膏之下的腰部和腿部枯瘦如柴。绷带移去不到24小时，格蕾丝的左股骨和右胫骨就都断了。

看来，石膏并没有改善髋关节发育不良，反而让情况变得更糟，她的骨头细得像玻璃一样脆弱。她只得重新打上石膏。

几个月后，格蕾丝终于脱去石膏。格蕾丝躺在妈妈的怀抱里，一家人在体育用品商店里准备购买一艘独木舟，为即将到来的野营活动作准备。格蕾丝动了一下身体指着她喜欢的那艘粉色独木舟。

那声音，就像一声枪击，小女孩的妈妈后来告诉我。利兹战栗着，格蕾丝哀号着。几分钟后，狂乱的新妈妈和痛苦尖叫的格蕾丝回到医院。格蕾丝的腿又断了。

甚至在搜寻格蕾丝亲生父母的病史之前，我就很清楚在格蕾丝石膏之下上演的事情，并非先天性髋关节发育不良那么简单。

答案在她的眼睛里。人类眼睛的不寻常之处在于巩膜——眼球的白色坚韧被膜，即眼白——是可见的，大多数其他物种的眼白则是藏在眼皮和眼窝里。对于畸形学家来说，这是有机会了解患者的基因正在发生什么的一个额外窗口。

格蕾丝的巩膜不是白的，而是稍微有一点蓝——考虑到她骨折的历史，我推测她很可能患有成骨不全症（osteogenesis imperfecta，OI），又叫脆骨症。这种疾病是由于基因缺陷抑制了胶原的产生或使胶原质量较差导致的。胶原对于强健骨骼非常重要。缺乏胶原不仅让她的骨头如此脆弱，还造成她的巩膜略微有点蓝色。再看一下她的牙齿，齿尖半透明，也是该基因缺陷造成的，这让我确信自己的推测是正确的。

近几年，OI才得到广泛的关注，之前在医疗诊断上是根本不被考虑的。这多亏了一个非常可爱的黑人小孩，他叫罗比·诺瓦克，以“小孩总统”著称。他的励志演讲号召全世界“停止变得乏味”，数以百万的人看过他的“病毒视频”（一种创意视频）。

因为70多根骨头断裂，罗比在10岁前就经受了13次手术，但他的演讲并不是要人们关注OI。“我希望所有人知道我并不是那个骨头断了很多的孩子，”2013年春天他告诉哥伦比亚广播电视网（CBS

News)，“我只是一个想要快乐的孩子。”[1]罗比的故事还是激起了人们对 OI 疾病以及如何帮助这类患者的关注。

该疾病还因其他原因出现在新闻里——主要是针对几千起虐待孩子的调查都涉及它。以艾米·加兰和保罗·克拉米为例，这对英国夫妇曾被社工指控虐待年幼的儿子——出生不久，他就被发现在四肢上有8处骨折。因涉嫌虐待被捕后，艾米和保罗也不能在无妥善监管下看望孩子。由于还处在哺乳期，法庭不能将孩子带走，于是他们命令艾米搬到一个可以监控她的室内居住。就像对真人秀电视的现实模仿，地方政府通过闭路摄像机24小时监控着这个家庭，好像他们是真人秀节目《老大哥》里的选手一样。[2]

过了18个月社工和其他人员才意识到他们犯了大错。艾米和保罗的儿子遭受的不是虐待而是 OI。

从 X 光片上将一个患 OI 的孩子误认为是被虐待所致也可以理解，因为这些图片显示孩子在不同康复阶段有多发性骨折。在这类案子中，社工和医生——寻求的仅仅是保护孩子避开危险——而将合格的父母错误地指责为施虐者，大多数法院现在要求做虐待调查时，将患 OI 的可能性作为需考虑的一部分。

在疑似虐待的案件中，虽然这样的筛查正变得越来越普遍，但排除 OI 的可能性却比较费时。要想理解 DNA 告诉你的故事，不会像在医院化验室里看看显微镜那么简单——尽管，电视上的警匪剧会诱使你这么相信。一个人骨骼易碎的原因有很多种，通过生化或遗传研究找出原因，要花费数周甚至数月的时间。越来越多的人意识到 OI 的可能性，但该疾病相对罕见（美国一年有400例），而虐待儿童却更为普遍（每年超过10万件被证实的身体虐待案件和大约1500个死亡案例），[3]许多社会服务机构和执法部门仍本着宁可错杀一千，不可放过一个的原则做着令人揪心的决定。

幸运的是，格蕾丝的骨头断裂历史，不会让人将虐待作为造成她多发性骨折的首要原因。这意味着，我们可以立即集中精力去寻找真正的原因。格蕾丝的新父母完全配合我们，为了能让格蕾丝享受到应有的健康和幸福，他们全力回应我们的询问，并积极配合治疗。

以前我们对于所谓的非致命性 OI 几乎无可奈何。今天，这种疾病虽然仍具挑战，但看一眼格蕾丝我们就知道，这并非不可逾越。

当然，对于深藏于我们的基因中所形成的复杂问题，单一治疗方法通常是不够的。我们要兼顾药物治疗、物理治疗和技术性的医疗干预，才会有效果。另外，格蕾丝的勇敢与坚持，以及父母的付出，最终帮助她从一个刚会走路的脆弱幼童长成了结实大胆的小姑娘。她的每一个阶段性进步都在改变和修饰她体内的基因编码。格蕾丝的案例，有力地证明了利兹和大卫所创造的环境帮助她建造了一副更强健的骨骼。

既然格蕾丝能战胜自己的遗传命运，我们也能。你可能不知道，你的骨骼其实跟格蕾丝的一样，每时每刻都在碎裂。我们的骨骼在不断的解构和重构中，有时是这里裂开了，有时是那里出现个小缝。通过这种方式我们的骨骼变得更加完美。

要想理解基因在骨头生长和断裂过程中扮演的角色，首先需要知道骨头的运作方式。很多人认为骨头是由密实坚硬、毫无生命的材料组成的，但实质上骨骼生机勃勃，时时刻刻在重建，以满足身体不断变化着的需求。这种解构和重建从微观上来看，就像是两种细胞的战争，它们是破骨细胞和成骨细胞，两者的关系就像迪士尼受电视游戏启发制作的电影《无敌破坏王》中的两个角色。

破骨细胞是骨骼的“无敌破坏王”拉尔夫，在基因调控下使骨头逐渐断裂分解。成骨细胞则是快手阿修，负责繁重的骨头修复工作。现在，你可能会想，只要把拉尔夫从这一敌对关系中移走骨头就会更强健，但事实并非如此。就像在这部精彩的电影中一样，两个角色谁也不能孤立存在。

差不多每 10 年我们的骨架在“破坏”和“修理”的共同作用下完全更新一次。就像刀匠一层一层地打磨钢铁才能铸造出有韧性的剑，断裂和修复的骨再生循环让我们有了一副完全个性化的骨骼，从而承受一生中的跑步、跳跃、远足、骑行、弯曲和跳舞等各种动作。

当然，在饮食中加点钙通常很有帮助。如果你跟许多人一样喜欢谷物早餐，那么几乎每个早晨你都在获得一分钙质。

如果你喜欢吃果脆圈、霜麦片或者脆米花的话，你肯定对威廉 –K– 凯洛格创办的家乐氏公司的产品很熟悉，而他的兄弟约翰 · 哈维 · 凯洛格博士更为出名。凯洛格博士的贡献不仅是赋予一个品牌名字。当时，他以健康专家著称，虽然今天我们可能会称他为古怪的人（比如，他相信性是危险的，即使是夫妻之间的性行为）。

同时，他也是全身振动疗法的先驱。在他臭名昭著的疗养院里，凯洛格让病人坐在振动椅凳上以期增进健康。或多或少地，凯洛格认为自己可以把疾病从病人身上震走。

100 年过去了，振动疗法仍常常被质疑。有些医学专家特别警告，对大多数人来说，不应长期接受这种振动疗法。但是对于一些特殊病患群体，研究员正在探索振动疗法促使破骨细胞和成骨细胞分解和修复骨骼的可能性。振动疗法可以开启正确的基因表达来塑造更强壮的骨骼，这就是一种很久以前被视作稀奇古怪的疗法，现在却被用来研究治疗 OI 患者的原因。这也促使我们要换个角度来看待振动疗法对骨质疏松症的作用——有上百万的人都被它困扰。

即使你的遗传基因毫无问题，但闲置不用、衰老、不良饮食和激素变化都会摧毁掉塑造骨骼结构的微妙平衡。现在我们逐渐了解，骨骼系统是不会轻易原谅一些不当行为的。

研究发现，基因突变也是如此。以年轻的阿莉·麦基恩为例，她患有罕见的遗传病，她的血管内皮细胞（排列在血管内表面的细胞）变为成骨细胞（组建骨骼的修理工快手阿修），换句话说，细胞把她的肌肉变成了骨骼。是的，听起来很可怕，事实也确实如此。

进行性肌肉骨化症（fibrodysplasia ossificans progressiva，FOP，也叫石人症），最为著名的案例是一个叫哈利·伊斯特莱克的费城人。他的身体5岁开始变硬，到39岁去世时，全身已经完全融合在一起，能动的只有嘴唇。现在他的骨骼陈列在费城医学院的穆特博物馆里，一直吸引着试图解开FOP之谜的研究者们前来参观。

大概200万人中会有一个石人症患者，而受伤会加重病情。也就是说，每当阿莉身体上受碰撞或擦伤时，她的身体就会往受伤的地方输送成骨细胞来造骨，如果做手术移去多余的组织，反而会长出更多的骨头。

在过去的几年里，令FOP研究者们欢欣鼓舞的是，他们发现了名为ACVR1的基因突变会诱发FOP。[4] 研究者认为，有些突变使得ACVR1基因所表达的蛋白质开关一直处于开放状态。于是，骨骼的生长不是在正常的时间和地点进行，而是恣意妄为。

但是，该基因的发现只是万里长征的第一步，治疗阿莉的疾病还须更多努力。早发现是治疗的关键，患者和照看者会注意尽量避免受伤。不幸的是，阿莉5岁时医生们才知道这到底是怎么回事。小孩子磕磕碰碰是常有的事，所以你可以想象延迟的治疗会给她的长期健康带来怎样毁灭性的影响。更不要说她所经受的全部治疗——医生们对症状机理的理解和尝试，无意中带来更多伤害。

ACVR1的大多数突变被认为是新形成的，并非来自父母的遗传，我们称之为“从头开始”。由于家族可能没有任何人有 FOP 病史，这只会使诊断过程更加复杂，导致治疗延误。

然而，这里还是有很微妙的线索。令人遗憾的是，它很难被注意到：阿莉的大脚趾很短，而且偏向其他脚趾。[5] 结合阿莉的其他症状，这种特异体征算是一种警告，可以帮助确诊该病。[6]

想一想：面对这样异常复杂的遗传疾病，其实只要仔细看看阿莉的大脚趾就可以了，这是伤害性最小、技术含量最低但最有效的诊断方式。

即便死去很久，与基因有关的大量生命活动信息仍会保留在我们的骨骼中。经过哈利·伊斯特莱克充分研究的骨骼就是一个明显的例证——参观穆特（医学）博物馆的人可以非常清晰地看到，疾病将他的肌肉与骨骼融合在一起，就像蜘蛛一步步把苍蝇缠在网中一样。但是还有其他一些不那么明显的例子。

例如，假设我们从沉没已久的玛丽·罗斯号上找到了一些船员的遗骸——这艘16世纪亨利八世的英国海军旗舰船，在1545年7月19日与法国入侵舰队战斗时沉没。我们可以从中获取什么信息呢？

尽管有许多不同表述，但玛丽·罗斯号到底是怎么沉没的仍不确定，也不知道沉入索伦特海峡（英吉利海峡怀特岛北部）的都是些什么人。不过一项现代的科学工艺——“骨骼分析”可以帮助我们破译骨骼的利用情况。玛丽·罗斯号的船员们留下了明显线索：他们的左侧肩胛骨都很大。[7]

研究人员相信，船员们干的大部分体力活是需要双手并用的，只有一项重要任务除外，那就是在英格兰的都铎时代每个船员都必须会拉弓射箭。当时玛丽·罗斯号载有250张弓（许多弓似乎是用来向敌舰发射“火箭”的）。

与今天奥林匹克竞技场上用的碳素石墨制成的复杂机械弓不同，16世纪英格兰的弓很重。玛丽·罗斯号沉没后的几世纪以来，虽然很多事情都变了，但有一件却没有变化——如果你跟大多数人一样惯用右手，那么处于当时的环境下，你很有可能用左手持握长弓。[8]

当然，我们已经知道，重复使用一只胳膊会令肌肉的形状、大小和紧实度不同。如果你打网球，或者近距离看看打网球的人，你会发现挥拍的胳膊通常肌肉要更发达一些（左手挥拍的西班牙球王拉斐尔·纳达尔就是一个很好的例子，他的优势胳膊就好像是绿巨人胳膊的缩小版）。

经常性地让一只胳膊用力、抻拉、承重，不只是会让肌肉紧实，还能促进成骨细胞和破骨细胞的工作，从而改变基因表达来塑造更健壮的骨骼。这也会写下我们生命故事的一个侧面，像骨头一样经久不衰。

回到几百年后的今天，我们依然能找到骨骼可塑性的例子。如果你见过脚趾拇囊炎（bunion），你就知道骨骼可塑性是怎么一回事了。夏日炎炎，坐在横跨曼哈顿的纽约大都会交通署的地铁6号线上，每个人都穿着凉鞋，这是一个观察脚趾拇囊炎的绝佳机会。如果你曾经有过，或现在就有，请别怪你的骨骼淘气，它只不过是对束缚它的鞋子作出正常反应。更不用提这些倒霉的遗传致病因素让你更易中招。[9]如果你有脚趾拇囊炎，也不要自责。相反，这可能是唯一的一次机会，恰好既可以责怪你的父母又能埋怨时髦的鞋子。

可以看到，不管遗传致病因素是什么，我们几乎都继承了骨骼可塑性的基因。再举一个行为改变骨骼的例子，它在孩子们的生活中上演。近年来，我们逐渐注意到一些有害的变化——由于书包过重，小学生甚至付出了脊柱弯曲的代价。[10] 这一问题引起了广泛关注，因此很多家长让孩子用带轮子的书包，有点像我们登机时携带的拉杆箱。

不必惊讶，带轮子书包去学校遭到了很多孩子的抵制。我朋友上中学的孩子管它叫“大笨箱子”（Dorky）。一家公司针对这一问题给出了解决方案，他们发明了一种可变形的滑板车，变形金刚风格，可折叠成带轮子的双肩包。这项发明成了他们的金矿。上市两年后，Glyde Gear 滑板书包仍然供不应求，经常要暂停接受新的订单，之前的订单也要花费一个半月来处理。

好的意愿并不总带来好的结果。传统书包对孩子的背不好，但滑板书包却增加了绊倒的危险，令学校管理起来头痛（滑板书包总是磨损地板，撞坏墙壁）。

不幸的是，这种情况也发生在医学领域。在下面几页，我们会看到，新办法在解决老问题的同时也创造出了新问题，而新问题又需要更新的办法。有时，太过于灵活，就会像我们的骨骼在发育早期，因可塑性太强反而带来了永久畸形。

有一个例子始于20世纪中期，美国国家儿童健康和人类发展研究院（NICHD）开展了“仰卧睡眠”运动。感谢这个成功的倡议，很多父母开始忠实地执行。孩子仰卧睡觉的比例，从早年间的10% 飙升到70%。

该运动的诞生，是为响应美国儿科协会的建议。通过改变导致问题产生的某些习惯，美国儿科协会一直在寻求减少婴儿猝死综合征（sudden infant death syndrome，SIDS）的比率。据称，每1000个婴儿就有一个被该病夺去生命。

自从该运动展开后，10年内SIDS的发病率降低了一半。就像所有医学创新一样，成功也带来了没有预见的并发症——幸好不那么严重。婴儿的头骨骨架还处于形成和融合期，仰卧睡觉会使婴儿的脑袋发育畸形。而畸形远超过预期：在仰卧睡觉成了常态的这些年里，婴儿畸形头的发生率是原来的5倍。[11]

这一并不严重的症状，术语叫“体位性偏头畸形”（positional plagiocephaly）。我们大多数时候并不把它当作什么医学大问题。但随着社会日益增长的对完美外表的痴迷，许多父母求助于矫形师——利用外部装置修正骨骼和肌肉的功能或结构的专家。使用一种头盖骨重塑头盔，矫形师可以帮助矫正婴儿的头形。“体位性偏头畸形”的例子让我们明白：在成长的过程中，我们的身体并不是自然而然地发育，而是被社会环境所塑造，从而永远改变了。

我第一次看到这样的头盔是在10年前，当时我正在曼哈顿的中央公园里散步。那时我并不知道这种头盔是干什么用的，还以为看到了一种新时尚，是充满安全意识的父母给闲逛的孩子们戴的。

后来我才知道这种头盔的运作细节。它的目的是重塑颅骨，通过移除头盖骨较平部分的压力，使得头盖骨在这些区域充分生长。4~8个月的婴儿使用这种设备的效果最好，需要每天戴23小时，每两周校正一次。一顶头盔的花费大概在2000美元，通常不含在保险里。

孩子们头部的可塑性很强。研究表明，即便不用这种头盔，父母们用伸展锻炼和特制枕头，也能明显帮到自己的孩子头部塑形。[12]

长远来看，重要的不是头型而是韧度。作为一种生物物种，人类比较笨拙，基于大脑的重要性和相对脆弱性，保持颅骨结构的健全至关重要。

强度不仅仅指物质意义上的硬度。对于骨骼和基因组来说，真正的强度在于灵活性。这就是为什么接下来我要跟你讲一讲米开朗基罗的《大卫》。

这就好像走进了爱德华·伯汀斯基拍摄的一张照片。

作为备受赞誉的摄影师，爱德华以拍摄工业景观著称。他花了大量时间拍摄意大利卡拉拉大理石场。这里以盛产漂亮的蓝白大理石著称，受到世界各地的建筑师和雕塑家青睐。

几年前，我在穿越意大利阿尔卑斯山的时候，偶遇这样的石场，这里作业方式的胆大妄为令我惊叹不已。巨大的拖拉机沿着狭窄的山路缓慢行进，载着从地心深处挖出来的小货车般大小的大理石坯料，运往附近托斯卡纳的备料中心。从那里，大理石乘着火车、轮船和卡车运往全球各地。

百万年前，贝类生物沉到海洋底部沉积为碳酸盐岩石，大理石就是它们经过高温高压变形的产物。大理石最终像这样被卡拉拉石场的工人开采出来。

卡拉拉石场的岩石相对较软，较易开凿，所以受到雕塑家和工匠的喜爱。同时，它也很坚固，因此米开朗基罗的《大卫》500多年来仍然完好无损。

当然，只是大部分完好无损。在佛罗伦萨学院美术馆里，百万游客常年接踵而来，已让大卫的脚踝处不那么坚固，塑像的稳定性遭到了损害。从某种角度来说，大卫的坚固性也是他的弱点——大理石较差的柔韧性使得塑像很容易破裂。

要不是因为骨骼具有可再生性，并且基因的编码指挥着胶原去塑造骨骼结构，人体也避免不了这种厄运。

在人体中，胶原的产生取决于DNA，生命活动有需求时它才会产生。与米开朗基罗的《大卫》不同，因为基因表达会让胶原持续产生，我们的脚踝如果扭伤是可以恢复的。

人体内的胶原类型超过24种。胶原对骨头健康非常关键，从软骨、头发到牙齿，每一样东西里都能找到它。在5种主要的胶原中，I型胶原最丰富，占据体内胶原总量的90%。动脉壁中也含有这类型的胶原，这使得动脉拥有足够的弹性，当心脏每次收缩将心室内的血液压到血管中时，就不会造成动脉破裂。

当胶原开始衰败、失去弹性时，真正最能引起注意的一个地方，那就是脸部。因为胶原参与构造我们的皮肤。这也是为什么当你听到胶原时，就会想到有些人注射到双颊里让自己显得年轻的那个物质。

那就从脸说起吧，它能帮助我们理解胶原扮演的角色。它起到了结构性支持的作用。毕竟，如果它不能塑形，没有人会想用它给自己弄个肿胀的脸和嘴唇吧！

胶原最初在古希腊语里是指"胶"。在现代工业生产出"胶"之前，大部分人只能靠一些土办法来黏合东西。他们靠加热动物的肌肉和皮肤（富含胶原）提取出胶，这是黏合物体用的主要物质（这就是谚语"把马送到胶水厂"的来源）。

用来制作古典乐器琴弦的肠线，大部分也是从富含胶原的山羊、绵羊和牛的肠壁中提取而来的（肠线在英语中为"catgut"，但猫不在此类动物之列）。很多年来，肠线还用来制作网球拍。大概三头牛才能制作出一个拍。正是动物肠内膜所含的胶原特有的拉力，使得肠线如此地受到追捧。拉力指的是可以测量的、一种材料能够被拉伸或变形的程度，与材料的刚性易断正好相反。

某些食物很有嚼头也是因为胶原。如果在夏天烧烤晚会或野餐会上，你喜欢香肠或者烤热狗，那么你会很高兴知道以下信息：许多法兰克福香肠都是靠胶原的超级弹力将肉碎黏合而成的。素食者会告诉你，果冻、棉花糖和玉米糖的成分中都含有明胶，明胶也是从胶原中获取的。据说全世界每年大概生产3.6亿千克的明胶，它们通过各种途径进入家庭或摆上餐桌，从塔塔饼到维生素胶囊，甚至是某些品牌的苹果果汁。

无论是挥拍击球，还是捏捏爱人的脸颊，让好玩儿的橡胶熊跳来跳去，所有与"恢复原形"有关的弹力活动几乎都来自胶原。

最能展现柔韧性力量的例子就是巨骨舌鱼。它是一种2米长的淡水鱼，是仅有的几种不怕生活在食人鱼水域的鱼类之一。它的基因会产生胶原丰富的鳞片，当碰到尖锐东西时会凹陷却不会破裂。圣迭戈加利福尼亚大学的研究员认为，我们可以仿造1300万年来都没什么进化的巨骨舌鱼来制作柔韧的陶瓷片，用于制作防弹衣。[13] 这是利用仿生学来解决现代生活问题的又一案例。[14]

这与遗传有什么关系呢？如果我们的基因组不具有这种与生俱来的柔韧性，骨骼就不能应付我们所过着的无序生活。从格蕾丝、阿莉和哈利的例子可以看出，只要一点差错就会给一切带来紊乱。

实际上，这一切的发生只需改变一个字母。

人类基因编码由几十亿个核苷酸（腺嘌呤、胸腺嘧啶、胞嘧啶和鸟嘌呤，以字母A、T、C和G表示）以一定模式排列而成。

在产生胶原蛋白的部位，负责编码的基因叫作COL1A1，[15] 序列一般是这样的：

GAATCC—CCT—GGT

而任意一个突变会变成这样：

GAATCC—CCT—TGT

而这足以让身体改变胶原的产生。基因序列上的一个字母缺失就会让骨骼由健壮柔韧变得如大理石般僵硬，或如砂岩般脆弱。

单纯的一个字母怎么会带来这么大的影响呢？*好，想象这一刻，你在听着贝多芬著名的钢琴曲《致爱丽丝》。开始时一如往常，但是当钢琴师弹到第10个音符时，她失误了。错得不多，就一个音。你会注意到吗？曲子还一样吗？如果你是古典音乐制作人，在为子孙后代录制演奏时，你会对这个错误视而不见吗？

贝多芬很聪明，他的作曲都异常复杂。但是与你的基因序列相比，即使是贝多芬最伟大的杰作，其复杂程度也不过就如《玛丽有只小羊羔》一般。

我们的遗传编码就像一段几百亿步才能走完的旅程。如果第一步就略微偏离了路线，剩下的行程也会偏离。

所以，非常真实的是，我们距离改变生活的遗传病仅有一个字母之遥。但是就像我们所看到的格蕾丝，没有必要感到彻底无助。我们将会看到更多的细节，从沙发上站起这一动作所带来的意义，远不止是身体的移动。

得不到利用的就会被废弃，而且非常迅速。

就像成功企业只会采用适合近期需求的工业生产策略一样，人类

* 在已有例子中，一个核苷酸的改变就能带来致命性疾病成骨不全症。

这一物种也有进化了的基因来控制生存成本，不需要时减少库存，需要时大量生产。

肥胖的老人比消瘦的同龄人更不易骨折可能就是这一原因。他们就像古代弓箭手一样超额负重，骨骼磨损次数更多，使得破骨细胞和成骨细胞进入激烈的破坏 – 修复循环中，从而带来了更强健的骨骼。

对比一下，我们知道游泳运动员经常在水下训练，由于浮力使他们所受的地心引力较小，股骨颈的骨密度要比经常负重训练的运动员低。[16] 这很可能是因为游泳运动员（他们的心血管得到了非常好的锻炼）不像在其他环境下的运动员——像赛跑者、举重运动员，骨骼要负重。

从国际空间站待了很久的宇航员回来之后也是如此。2012 年 7 月，联盟号太空船载着美国宇航员唐·佩蒂特、奥列格·科诺年科（俄罗斯）和安德烈·凯博斯（荷兰）结束了 6 个月的太空之旅，降落在哈萨克斯坦南部。3 位宇航员不得不被轻轻抬到特制的躺椅上接受飞行归来后的新闻拍摄。[17] 在失重的太空漂泊了 193 天，他们骨骼的坚固性已开始削弱了。

宇航员的情况很像患骨质疏松症的老年女性，他们的治疗方式也有些类似。二碳磷酸盐化合物，如唑来膦酸和阿仑膦酸钠（使得破骨细胞自杀，不再破坏骨头）主要用于治疗骨质疏松症老年患者。最近得知，同样的药物也可以帮助宇航员和患 OI 的人保持更好的骨骼形态。[18] 据说，一些私人公司正在为首次登上火星的人类行动寻找志愿者，他们将要在零重力环境待上至少 17 个月。这些药物将会派上很大用场。

不过，在你志愿踏上宇航飞船之前，要小心点。尽管服用二碳磷酸盐化合物可以增强骨骼的坚固性，使股骨颈在年老时不易出现骨折，但同时，股骨干却会变得容易骨折。

为什么呢？因为药效太好了。骨转换和骨重构的过程因此停止，成了“冻结骨”，从而让用药者的骨骼就像大卫的脚踝一样反而更容易断裂。

来自基因编码和基因表达哪怕是最微小的变化也会引发难以置信的影响，我对此总是十分敬畏。我们已经看到，在同一系列的数十亿字母中，仅仅一个字母的改变都会使骨骼受轻微之力就断裂。发生在基因中的任意一个微小改变，都会彻底影响我们一生的进程。

如果你遗传了缺陷基因，或者长期卧床，缺乏运动，饮食贫乏，脱离重力，或者仅仅是变老，你都会将自己置于同样的骨骼受损状态。随着解决方案的日益增多，比如成沓的药物、负重锻炼，甚至可能是振动疗法，我们远非无助的骨骼看护人。骨骼的脆弱无论是由基因引起，还是受生活方式影响，或者两者共同作用，我们都已拥有很多可利用的预防性和治疗性模式，来减少骨折的易发度。

对骨骼受损的生物原理的理解，也会让我们按所知的强健骨骼的方法，扮演一个重要的塑形角色。这些知识可以渗透在我们的选择中，指导我们发展性地开展生命活动和生活方式，打造最为强健的骨骼。

要做到这一点，需要去探索骨骼运作的整套遗传机理。通过研究格蕾丝和其他DNA导致骨骼易碎的患者，我们可以更迅速地为骨质疏松症等更常见的疾病找到新的治疗方法。

在遗传学上，通过罕见的案例可以预知普通案例。

这样一来，几百万像格蕾丝这样的无名英雄其实是在用他们无比珍贵的基因礼物惠及整个人类。

第5章 依据基因搭配膳食

祖先、素食者以及体内的菌群教给我们的营养真理

我没脱衣服就睡了。有时，在医院工作很长时间后就会是这样。到家、上楼、倒在床上，筋疲力尽，再没有力气换上睡衣。

倒在床上的时候午夜刚过。我发誓，没过几分钟，放在床头柜上的呼机就开始响了。

我把脸埋在枕头上，伸手去够那可恶的小黑盒，却怎么也够不到。我只得不情愿地抬起头、睁开眼，闹钟上荧光蓝的数字从凌晨3:36跳到了3:37。

3个半小时，我一边想着，一边在计算睡了这半宿觉后，又要有多长时间不能睡。还不算太糟糕吧。

凌晨的传呼机只需响几次，便可记住那些号码：175075是急诊室，177368是住院病房，0000是有外线来电在等应答。

这种来电的挑战，在于你永远都不知道会发生什么。有时候是患者父母打来的，他们忧心忡忡，虽然已经知道自己的孩子患有罕见的遗传疾病，但又不确定他们发现的一系列新症状是否是恶化的征兆。还有时候，是其他医院的医生打来的，他们遇到了棘手的病人，不知

道该如何治疗，所以打电话求助。有一种情况是所有医生在任何时候都不愿意听到的——有位病人病情恶化了。

我抓起电话悄悄溜下床，以免吵醒在身边安稳入睡的妻子。我踮着脚走出卧室，轻轻关上门。又从门缝往里看看，没有嘟哝、没有焦躁的翻身，她还睡着。

成功！我是夜间忍者。

我按下呼机上的回拨键。那可怕的0000盯着我，像猫头鹰小小的两只眼睛。蓝色的号码照亮了幽暗的走廊。我拨通号码，等人应答。

“这里是医院……”

“我是莫兰医生，谁打电话来……”

“谢谢回电。正在为您接通……”

一阵柔和的哔哔声后，就听有个人一下子说了一堆话。

“莫兰医生？很抱歉，我知道很晚了……或者说，太早了？不管怎样，很抱歉打扰您。就是，我女儿辛迪，发烧持续了几小时，我很担心，因为她今天都没怎么吃东西。”

对有些人来说，这听起来像是个焦虑过度的家长。但我知道，如果仅仅如此，医院不可能转接我的电话。

她停了一下。我保持着沉默，没有插话。

“噢，我应该先说一句，我女儿患有OTC缺乏症。”

这就对了。鸟氨酸氨甲酰基转移酶又称作OTC缺乏症（ornithine transcarbemylase deficiency），是一种罕见的遗传疾病，每8万人中会有一人患此病。在正常情况下，人体内的氨*会转化成尿素，很快随尿液排出体外。但患者却难以实现这一循环。

---

* 机体分解蛋白质的代谢过程中所产生的一种常见副产品。

这个过程我们称之为尿素循环，大部分在肝脏中进行，一小部分在肾脏中进行，可以说是健康的晴雨表。这一循环正常时，身体对蛋白质的代谢就正常。如果不正常，体内就会有氨的蓄积，情况就和这名字一样恶劣。

这就像一个排出有毒废料的工厂，代谢需求越大，产生的废氨就越多。这种情况常见于发烧。体温每上升1℃，机体就比平时多消耗20%的卡路里。大多数人短时间内可以支撑这种多余的代谢需求。事实上，对大多数人来说，生病时有微弱的发烧症状是件好事，因为体温升高会使一些致病细菌难以存活，达到抑制它们增长的目的，还能给机体一个抵抗的机会。

但是对于像辛迪这样的人来说，机体本来就只能勉强维持平衡，微微的低烧就会导致情况迅速恶化。毕竟，神经系统对氨的增多和葡萄糖的减少很敏感，而葡萄糖是用来产生能量的。如果不进行检查，这种代谢情况可能会导致癫痫和器官衰竭，进一步致人昏迷。

换句话说，辛迪妈妈对女儿的担忧并非多虑，我从床上被叫起来的理由也很充分。

我抓过笔记本电脑，输入密码，远程登录了医院系统。根据辛迪的病历，过去几年中她曾多次住院。显然她需要去急诊室一趟。

幸好她的家离医院很近。

我住得也很近。随时待命的医生一定要住在几分钟便能赶到医院的地方，否则一定后悔。我往背包里装了些东西，庆幸自己不必溜回卧室换衣服——事实上我并非真正的忍者，在黑暗中，我特别笨手笨脚——会弄出很多声响。在接近清晨的下半夜里，我至少保证要妻子能够温暖、舒适、不受打扰地待在床上。

我从厨房的桌柜上抓了根香蕉就出门了。还不到凌晨4点，但我已经完全清醒。

开车去医院的路上，我把香蕉匆匆吃了，很庆幸自己不用为吃的过于烦恼。和大多数人一样，我试图控制糖和脂肪的摄入量。偶尔，当我感觉从烹饪角度可行、数学角度合理时，我会试着平衡三餐以期百分之百的涵盖21种维生素和矿物质——是由食品与营养委员会推荐的。只能偶尔试试，实际操作比看起来要难得多。

但事实是，对大多数人来说，仅靠那些推荐来搭配膳食几乎称不上完美。分量推荐和食品包装上标明的百分比不可能与你的个体需求吻合（这比中彩票还难）。因为那些数字只是一种泛泛的估计，是美国超过4岁的多数健康人需要摄入卡路里、维生素和人体必需矿物质的量（食品与营养委员会的“大多数”，指的是超过50%。这就使得大量的“少数人”无法使用这些参考）。

现实当然是每个人的需求相差甚远。大多数4岁男孩的需求（他们每天摄入275微克的维生素A通常就足够了）和大多数32岁的怀孕妇女的需求（她们所需的维生素A通常至少是4岁男孩的3倍）有很大差别。甚至是两个性别、年龄、种族相同，身高、体重和健康状况也相同的人，对于钙、铁、叶酸和很多其他营养物质的需求也可能会有很大差异。研究遗传基因对饮食需求影响的学科叫作营养基因组学。

在第1章，你遇到的厨师杰夫就患有遗传性果糖不耐受症（HFI）。这种疾病相对罕见，但了解我们的基因组内的基因，在某种程度上所有人都会受益。因为基因的影响，数以百万计的人因而都有着某些特殊的营养需求，不觉得食物是自己朋友的也根本不罕见。这也是为什么很多类似疾病的人，在饭店的菜单上和杂货店的食品清单上挑出很多忌口。

现在，你可能想起来像杰夫这样患有 HFI 的人得制定周密的个人菜单以避开水果和蔬菜（还有添加了果糖、蔗糖和山梨醇的加工食品）。而辛迪的 OTC 缺乏症使得她的食谱刚好与此相反。轻度感染 OTC 的人通常无法被确诊。他们常常说吃完肉后不舒服，因此一生都会避免吃高蛋白的食物。从遗传学的角度来讲，成为素食者或者极端素食者实际上会让他们的处境好得多，因为这更容易控制蛋白质的摄入量。

我们有不同的政治信仰，从无政府主义到集权主义，但更多的时候是介于两者之间。我们的饮食与政治信仰无异，有广泛而多样的选择。正如多数人能容忍他们不那么认同的很多政治观点，我们的身体对大多数种类的食物也都能够接纳。又如有些观念你无法容忍——例如废除普选，少数食物也与你的基因构成无法相容。

很多人都不会花大量的时间思考我们的政治观点的内部运行机制，更遑论检视一下我们是如何接纳那些信仰的。同样，很可能你的身体也不喜欢某些食物，而你也并不知道为什么。

情况正在开始改变。近年来，有些人担心自己的健康问题可能与他们吃的东西有关，于是就将所摄入食物减到少数几种，之后再慢慢加回来，一种一种地排除。这种排除饮食法确有一定效果。教育领域的一个类似措施是政治哲学课程的引入，它向学生们揭示了各种社会和政府观念的历史，并对其价值进行评估。

只是还有一个问题：解决方法并不是那么简单。

现在，很多人还是简单地按医生一直告诉的那样去吃：这个要多吃，那个不能吃；这个可以偶尔吃，那个尽量不吃。对大多数人来说，建议至少可以是一个好的开始。

正如政治观通常反映着地域和文化的传统，我们最初的饮食也反映着我们的基因遗传性质。*

比如，对于多数亚洲人来说，牛奶和乳制品不仅仅是难吃的问题，还很难消化。可见，如果你的祖先饲养动物以产奶**，很可能他们的基因发生了突变，并使你的基因非常擅长制造所需的酶去消化乳糖（糖的一种，常见于牛奶），直到成年。但在世界其他大部分地区，产奶的家畜自古就少见，成人中患乳糖不耐受症（lautose intolerance）的就要普遍得多。

尽管如此，在过去的10年里，中国的乳制品消耗量有了巨大的增长。这也不足为奇，中国人更趋向于喜欢硬奶酪或是本地的乳制品，如乳饼（云南省一种美味的山羊乳干酪，类似于地中海的哈罗米奶酪）。这是因为，比起像意大利乳清干酪那样的软奶酪，硬奶酪的乳糖含量较少。[1]

在某种程度上，询问你的近代祖先的饮食习惯，可以作为自己选择食物的参考。这与今天询问家族病史以评估患者当前健康风险的方法类似。如果你来自多种族背景，再用这种方法去评估你的饮食需求，最终会遇到有趣的基因及饮食融合的问题。这些问题有时会带来困惑、沮丧，尤其是现在有那么多人是混血。例如，多数西班牙和葡萄牙人都混合了多种基因。如果你是西班牙或葡萄牙人，你是否有乳糖不耐受症就取决于你遗传了祖先的哪部分基因。

话说回来，无论我们来自一个种族、文化背景还是多个，现在几

---

* 就算你知道近代祖先吃哪些种类的食物，也需要考虑对于今天人们相对较少的体力活动，这些食物的热量是不是太高（比如，我在想苹果派里的猪油）。

** 如果你是西非或欧洲后裔，你的祖先很有可能饲养产奶动物。

乎所有人的口味都趋于全球化了。这就很有可能导致我们营养摄入过量。在发达国家，即使是在最偏僻城镇的最小食品店里，也会有多种肉食、水果和谷物供挑选。我们的近代祖先，即使是王室成员，也不敢想象会拥有这种条件。

我按照自己提出的建议，从我的近代祖先那里寻找饮食指导，得出的结论是我可以尽情享受一碗放有核桃和大枣的粗面团子，而不用担心消化问题。当然，你对自己的饮食结构的探索结果可能与此完全不同。如果你近期没有尝试性地改变你所吃的食物，这可能是个好机会，不妨拿着一个盘子坐到你祖先的餐桌旁。不过，以我们今天坐着居多的生活方式，还是用一个更小点的盘子比较好。

尽管在饮食方面我们不断地进行谨慎的试验，但还是要与这样一个事实做斗争，那就是，改变对食物的态度和习惯实非易事。要想改变就要知道，有些研究发现，将理论教育与“烹饪与饮食”的体验式教学结合在一起（不仅要把马带到水边，还要让它知道水有多好喝），成功整合的概率要大得多。[2]

当然，改变饮食还有一个重要的动力，就是人类普遍存在的欲望——要长寿，要过美满健康的生活。几年前，美国前总统比尔·克林顿就是出于这个原因而改变了他的饮食。

前总统克林顿一生遍尝当代美味，做过两次心脏手术，并曾对家族心脏病史进行过全面清查。2010年，他终于痛下决心，要改变生活方式，饮食几乎变成全素。[3]有时你可能也得像克林顿一样，被迫作出彻底的改变，基于营养角度的考虑从根本上改变你的生活方式。但尽管你有足够的动力，也可能无法得到或买不起营养健康的食物，不过这些障碍都是值得去克服的。

好了，回想一下到目前为止我们都学到了什么？寻找优质的食物；像近代祖先那样吃东西，但不要吃那么多；多做运动；然后认真倾听你的身体，找出蛛丝马迹以证明你现在做得对。

如果生活如此简单该有多好！但这远不是理想的解决方案，像你的祖先一样吃并不适用于所有人。毕竟，我们的基因都是独一无二的。事实上，看到厨师杰夫和患有 OTC 缺乏症的辛迪，如果不查一下个人的家族基因遗传甚至会导致丧命。每一个人的饮食都要尽可能与自身独特的遗传基因相匹配。

我们现在发现的问题并非是个现代问题，那些航海的祖先早就知道这些事情。

营养学记载着一个故事：不列颠航海者因长期在船上，缺乏新鲜水果和蔬菜，牙龈出血严重，极易瘀伤——就是坏血病。在电冰箱发明以前，海员们能够期待吃到的最好食物就是腌肉和硬皮面包。对于在海上一待就是几个月的人来说，这会导致十分可怕的营养匮乏。但是，奇怪的是，并不是所有的海员都有这问题。

今天，我们知道柑橘类水果富含维生素 C，它可以帮助大多数人避免出现海员们那样的缺乏症。但在那时，他们只知道柠檬和酸橙可以避免掉牙和其他坏血病的症状。

有趣的是，这些船上的老鼠却没有出现同样的问题。养在船上用来跟这些海上的啮齿类小动物做斗争的猫也没事。为什么老鼠和猫不掉牙呢？

从土豚到斑马，大多数我们哺乳类动物的表兄们都有可在自身体内合成维生素 C 的基因。但人类（还有豚鼠）在代谢方面有一个天生的基因缺陷，这一基因突变造成我们无法做同样的事情。这令我们必须完全依赖饮食来获取每日所需的维生素 C。

几个世纪前，少数航海家们似乎发现了柑橘类水果的魔力。但直到18世纪末，大不列颠海军司令才在苏格兰医生吉尔伯特·布兰的建议下给海员们饮用柠檬汁，以抵抗坏血病。当他们从帝国属地加勒比海返航时，由于该地区盛产酸橙（柠檬在生物分类学上的绿色表亲），他们就在船上满载酸橙而归。这也是为什么大不列颠海军又以“酸橙军”闻名。[4]

知道了这些，我们自然而然就想要确定每天至少需要多少柠檬、酸橙和橘子之类的水果（毕竟，官僚主义出了名的英国人也需要知道，他们到底得为一次长途海上航行准备多少柑橘类水果以保持健康）。这就是现代营养学的根源。今天的营养学基于一个理念，就是我们能计算出一种健康的饮食。就此有了“每日摄入量参考”（原来叫作“每日营养补充推荐量”），用来决定——细致到克、毫克，甚至微克——每日保持健康活力据推测所需的全部食物量值标准，这些标准只能让多数人避免患上缺乏症，而不是适用于每个独一无二个体的最佳值。

这就是为什么每个人需要的并不是等量的维生素C。要进一步知道个体的最佳选择是什么，除了研究基因，别无他选。在一项致力于帮助身体吸收维生素C的基因的研究中，研究人员发现了一个名为SLC23A1的转运基因，其变异影响了体内维生素C的水平，与饮食完全无关。[5]有些人吃很多柑橘类水果，维生素C的摄入量相对较高，但体内的维生素C水平依旧偏低。发现我们遗传了哪种基因具有深远的影响，这样就可以知道有多少维生素C成功地被身体吸收。

然而，我们所需要的并非只是直接的饮食建议。我们正在发现遗传基因中的不同。比如，另一个与维生素C代谢相关的基因——SLC23A2，令自然流产的风险高达3倍。[6]这说明维生素C参与制造胶原蛋白，而胶原蛋白赋予母亲把婴儿留在体内的张力。[7]这个例子再次强调了，就营养而言，重视遗传基因是多么重要。

所以，对个体而言，泛泛的饮食建议可能并不适用，你可能会想知道该吃多少柑橘类水果，什么样的饮食才适合你，以及你需要避免吃哪些食物。对于这些问题，每个人的答案都不同，这不仅是因为每个人的遗传基因不同，更重要的是，你吃的东西会彻底改变你的基因表现。

今年，会有成千上万的美国人想要尝试改变饮食。

多数人将会失败。

部分是因为不知道什么样的饮食才适合他们，有些人实际上是盲目改变，其中很多人是在朝着与目标相反的方向努力。[8]

对于大多数人来说，合理膳食和积极运动仍然是最好的良药。但尽管如此，还是存在另一个问题：节食太难了。

人类历史的大部分时期，食物都不充足。为了缓解食物匮乏带来的痛苦，加之罕有的几次食物变得充裕，我们都遗传了乐于过量进食的基因。在过去，要是赶上罕见的大餐能够有热量剩余，我们的身体就会急切地将这些热量储存为脂肪。就像一个热量储蓄账户，将不用的热量储存起来，等到食物稀缺时再派上用场。在人类大部分历史时期，食物匮乏远多于充足。

如今我们面临一个复杂的问题，我们所遗传的基因与现在所处环境明显不匹配。首先，我们久坐不动，没有什么地方要去，也就不需要像过去那么多的热量。我们指挥着机器做了大部分苦差事，又带着我们从这里到那里。其次，与此相伴的却是丰富的、低廉的、易获取的卡路里，这也就很容易理解为什么今天的肥胖率已飙升至人类历史上从未有过的高度。这不仅是我们大量进食的问题。接下来我们就会看到，对于我们的遗传基因来说，我们对食物的选择并不是最优化的。

多亏有营养基因组学，我们才开始弄明白哪些食物在个性化的当代菜单中应当被戒除。比如，你不必等到身体浮肿、写食物日记、发生腹泻之后才发现自己患有乳糖不耐受症。能够为你提供这种信息的基因测试已经可以在市场上买到。如果你很早就尝试过了，你可能见过不止乳糖不耐受症一种基因测试，你可能会决定全部做一遍，得到你的显性基因甚至整个基因组序列。

什么才是适用于21世纪的以基因为基础的饮食建议呢？你可以利用这一信息来决定你的下一杯卡布奇诺要不要去除掉咖啡因。这一决定需要找出你遗传的CYP1A2基因是哪种变体。该基因的不同变体决定了你身体分解咖啡因的速度。对待世界上这一最古老的刺激性药物，你的代谢可能快，也可能慢。

拥有不同的CYP1A2基因变体并且喝了含咖啡因的咖啡，其影响远不止让你夜里睡不着觉。根据你所遗传的CYP1A2基因变体，如果其分解咖啡因很慢，含咖啡因的咖啡就可能会让你的血压飙升。反过来说，如果你遗传了两个相同的分解咖啡因很快的基因，那么你的血压就很可能不受影响。[9]

让我们着手整理一下迄今为止学到的基因组和营养知识，因为接下来会更加有趣。正如我们所学的，生命并不是运行在一个基因或者环境的真空之中，更不是只有单基因间的相互作用。之前也提到基因组是如何不断回应我们的行为和饮食的。就像丰田和苹果采用准时制生产模式（just in time，JIT），* 我们的基因也在不断地打开或关闭。这

* 又称作无库存生产方式，是指产品零部件在需要安装时才发送至装配车间，避免占用储存空间，减少生产成本。——编者注

种情况发生于基因表达的整个过程中，其间基因根据所受到的刺激作出或多或少的生产。

我们的生活如何影响基因呢？举有趣的例子，关于喝咖啡的烟民的例子。你有没有想过，为什么吸烟的人好像喝相当大量的咖啡都不会有不适感？

答案是，与基因表达有关。

事实上，我们的身体使用相同的CYP1A2基因分解所有有毒物质。由于含有毒物质，烟草无疑会极大地调动该基因采取行动。如此说来，吸烟诱导或打开了CYP1A2基因。该基因打开次数越多，你的身体就越容易分解咖啡中的咖啡因。别误解，我没有建议你开始吸烟，以便可以喝很多咖啡仍能入睡。我只是说，吸烟改变了你身体分解咖啡因的方式，进而将基因造成的代谢由缓慢转变为快速。

不管怎么说，如果咖啡不适合你的基因组成，你最好还是给自己泡些绿茶喝。在你坐下来享受煎茶或抹茶前，还有一个小小提示，那就是我们所做的任何事都会给遗传带来一些影响。

就拿绿茶来说，它被认为可以扮演预防某些类癌症的角色。最近，研究员在乳腺癌细胞上注入一种从绿茶中提取的有效的化学物质——“表没食子儿茶素没食子酸酯（epigallocatechin-3-gallate）”，发现两项重大结果。乳腺癌细胞开始在被称为“细胞凋亡”的细胞过程中死亡，而未死亡的癌细胞增长速度也慢了很多。这正是在寻找对付这些癌细胞痞子们的新疗法的过程中最希望看到的。

说到如何诱导癌细胞改变行为，很明显“表没食子儿茶素没食子酸酯”能够改变DNA的打开与关闭，帮助调节基因表达，从而促进积极的表观遗传变异。细胞不听从身体的统一生物信号时，有几个重要且关键的步骤可以控制细胞。细胞停止协作且开始恶性增长时，你就患上了癌症。

我们对基因与吃喝甚至吸烟之间的相互影响研究越多，就越容易发现它们对保持健康的重要性。

研究基因组相同、饮食相似的同卵双胞胎，我们才发现了营养拼图中所丢失的关键一块。

这也就是为什么下面我要向你介绍你的正常菌群。

微生物的生物多样性复杂的令人难以置信，人类的肠道就是例子。

在这一巨大的微小生态系统中有两个主要角色——拟杆菌门和厚壁菌门。[10]如果把这两组中所有的细菌种类加起来，你就能得到几百种不同的微生物——每一个人的“微观小动物园”都有点不太一样。

就你体内的细菌来说，从嘴到肛门间30英尺（相当于0.6米）长的管道是一个名副其实的星球。如果将它的蜿蜒与转弯仿造成过山车，估计连最爱寻求刺激的人也要叫苦连天。每一个部分的环境都相差悬殊，就如同从海底到火山内部再到最繁茂的雨林。

我们的身体构架在胎儿发育阶段形成的最复杂的一个体系是消化系统，这可能一点也不让人吃惊。再告诉你一件奇妙的事情，太阳马戏团没准以后也会对这个主意有兴趣。胚胎发育阶段，肠子一度会长出来，长到脐带待的位置。要安全地回到腹腔中，肠子就得像蛇一样，迂回曲折地盘绕和挤塞进弄蛇人的柳条筐中。这一过程并不难完成。但如果肠子在回去的过程中受阻，就可能形成脐突出（一种肠疝气和脐疝气）。如果肠子安全地进入腹腔，但体壁未能正常关闭，就会发生腹裂，即发育过程中有部分肠子通过缝隙露在体外。由于肠子接触到羊水会损伤，故暴露在外的肠子通常需要做手术切除并重新接合。[11]人体某一系统在发育过程中会出现很多问题，我们所说的只是一小部分。在这样的一个系统之内，此后还将发生大量纷繁复杂的生理与细菌变化。

思考这些并不总让人愉快，但事实证明，多知道一些在我们的消化系统里发生的事情，可能是我们了解自己的个人健康状况的一种新奇方式。

要更好地了解相关问题，就让我们去一趟中国，上海交通大学的科学家们最近为饮食科学界打开了一扇大门。

事情是这样的：在研究一个肥胖病人（体重385磅，即约135.9千克，块头相当于相扑运动员）的肠子时，科学家们发现了大量肠杆菌属的细菌。现在，很多人体内都存在一些肠杆菌（enterobacter），但在这个特别病人的体内，肠道内肠杆菌数量占到肠道菌落总数的35%，比例很高。为了更好地了解这一情况，研究员从病人体内提取了一个肠杆菌菌株，注入了饲养在无菌环境中的老鼠体内。

但什么都没发生。

本来实验就可以结束了。但上海的研究员又决定让这些感染了肠杆菌的老鼠进食病人常吃的高脂食物，看看会发生什么。事实上，他们带着这些毛茸茸的小家伙去了麦当劳，给它们吃了一个双层芝士汉堡、超大杯软饮和薯条，都是高脂肪高糖分的食物。不出所料，所有老鼠都变胖了。

但让人颇感兴趣的事情是：每个基础科学实验过程中，科学家们都会设置一个控制组，这组老鼠与对照组一样，也吃同样的高脂食物，只是没有注射肠杆菌。结果，这组瘦得像皮包骨的老鼠还是老样子。[12]

所以，是肥胖的人饮食有问题吗？当然。但是，饮食并不是肥胖的唯一原因。

随着时间的推移，我们逐渐意识到，基因、饮食，再加上我们体内特定菌群的存在影响了我们的体重变化。

我们当然不会“感染”肥胖，但可以传播细菌。如果这类细菌潜在地促成不健康的脂肪反应，那么效果还是一样的。

说到个人菌群，也就是寄居于我们体内外的小小的微生物“动物园”及它们的 DNA 对于我们的健康的影响，不仅仅体重是我们需要思考的问题，还有心脏问题。

你可能听说过，红肉和鸡蛋对心血管系统无益。人们也一直认为饱和脂肪和胆固醇会增加患心脏病的风险。但这并不是唯一的因素，你可能不知道，这些食物中普遍存在的一种名为“卡尼汀”的化合物才是导致风险上升的罪魁。卡尼汀自身是无害的。但一旦遇到构成多数人肠道菌群的那些细菌，卡尼汀就会变成一种新的化学物质，叫作“氧化三甲胺”（TMAO）。这种物质进入血液，就会对心脏造成不良影响。[13]

迄今为止，人类正常菌群中的微生物对健康的影响所引发的关注，远不及人类的基因组。这一现象正在改变，因为很明显，一个人的菌群与他所吃的东西以及他所遗传的基因一样重要。即使是有着相同基因组的同卵双胞胎，菌群通常也不同。

这就是为什么我们既要了解管理遗传基因的重要性，同时也要对菌群的健康给予更多的关注，而这也是非常明智的。最简单的一种方法就是考虑替代抗菌产品——抗菌皂、抗菌洗发液甚至抗菌牙膏的方案。另外，在医生匆忙开出抗生素处方之前，要谨慎地与你的医生讨论服用它的绝对必要性。我们已经无数次地认识到，通过武力完成政权更迭，或者通过药物来改变菌群通常都会带来不可预见的长期影响。

由于这一切太过复杂，你不想再围绕着这个话题继续下去也是合情理的。但我还是想说一说，为什么了解了我们的饮食以及遗传信息将把我们带往何方，我们就有充分的理由感到激动。在解释这一切的之前，让我们先回到急诊室。我于凌晨4:30前赶到急诊室的时候，辛迪和她妈妈已经在那儿等着了。

同事已开始给辛迪输液，我很高兴看到辛迪的胳膊上插上了静脉注射管线，给她输入急需的额外的葡萄糖和液体。当辛迪以蛋白质作为能量来源，OTC 缺乏症会导致她体内的氨水平上升，所以给她输葡萄糖很关键。氨水平上升对身体有害，尤其对于她正在发育、十分敏感的大脑。氨水平上升还会导致一些伴随症状，比如让她妈妈担心的嗜睡和呕吐。

对于 OTC 缺乏症的治疗现在比过去有力得多，其中一个原因是我们对于氨水平上升会伴随大脑损伤有了更多认识。在重症中，尤其是患者肝脏中遗传了受损基因时，其中一种治疗方案叫作“基因手术疗法”，即为 OTC 缺乏症的患者进行肝移植。

幸好辛迪的病没有那么严重，不需要肝移植。随着治疗方法的快速发展，OTC 缺乏症也不再像以前一样被诊断为重症了。

在等她的血液检查结果时（血液样本已经急速送往实验室冷藏），我把这几年来医疗方式的重大转变在脑子里过了一遍。像辛迪这种情况，我们之前无法知道她患有遗传疾病，等知道了，也为时已晚。因此我们现在强调，医生必须要知道做哪些测试以评估病人的病情。

辛迪的检查结果出来了，她体内累积的氨并没有最初预料的那么高，器官也没有出现任何比较严重的功能紊乱迹象。

这是个好消息。在填好会诊记录并给白班医生发出接管病人的邮件后，我觉得有些筋疲力尽。可能3个半小时的睡眠毕竟不太够。

我睡眼惺忪地开车回家，准备洗澡、换衣服，大脑里思索着生物化学和基因的巨大奥秘，它们常常使我们理解像辛迪这类病情的企图相形见绌。见证着这些勇敢的孩子和他们的家人夜以继日地经受的煎熬，触发了我很多新思路，不时地引领我在临床研究上获得新机会。如果我没有荣幸陪伴这些不可思议的家庭走过他们的医疗旅程，我肯定会错失这些新的探索之路。

正像我们接下来将要看到的，新的筛查方法的发展，使得我们能够尽早发现像辛迪这样的孩子，发现他们需要特别的饮食安排和医疗护理，从而改变了他们的命运。想要看看在个性化营养基因学领域前进的方向，了解这一领域是从哪里起步的应该很有帮助。如果你或你爱的人生于20世纪60年代末期以后，你们很可能已经是受益者了。

这一切始于20世纪20年代末，源于另一位忧心忡忡的母亲。

她是一名挪威女性，名叫柏格妮·埃格兰。她不顾一切地想要帮助她的两个小孩。她的孩子，女儿叫丽芙，儿子叫达格，都患有严重的智力障碍。她坚信这两个孩子在婴幼儿时期没有受这个疾病的影响。她寻求帮助的努力让她找了一个又一个医生，甚至找过宗教巫师，就希望找到一个人——无论是谁都可以，帮帮她的孩子。但一切都是徒劳。[14]

幸运的是，一位名叫阿斯比约恩·佛伦（Asbjørn Følling）的医生兼化学家决定要认真对待埃格兰。当其他那么多人都没拿埃格兰的情况当回事时，佛伦却专心地倾听并了解她孩子的境况。当他听说孩子们的尿液有发霉的奇怪味道时，表现出了极大的兴趣。

应佛伦的要求，丽芙的尿样被送到了实验室。起初看起来并没有什么特别，所有常规检测都正常。但还有最后一项检测，滴入三氯化铁检测酮类物质。身体燃烧脂肪而非葡萄糖供能时，就会产生这类有机化合物。如果体内有酮类物质，丽芙的尿液就会由黄色变为紫色。但结果是尿液变成了绿色。

佛伦非常好奇，他又从丽芙的弟弟达格那儿要了一个尿液样本。经三氯化铁测试，尿液又变成了绿色。整整两个月，埃格兰给这位科学家送去了一个又一个孩子们的尿液样本。而两个月来，佛伦不断地试图查出这一不正常反应的原因，最终锁定了一种名为“苯丙酮酸”的化合物。

佛伦想看看自己的想法是否正确，于是就与挪威发育性残疾儿童研究所合作，收集另外的样本，又找到8个对三氯化铁有同样反应的尿液样本（其中两个来自一对兄弟/姐妹）。

尽管佛伦确认这化学的肇事者造成了上千个智障案例，但又经过了几十年才有其他医生发现，这种疾病归因于先天的代谢基因错误（与辛迪的OTC缺乏症无异），它导致这些小孩无法分解苯丙氨酸（普遍存在于上百种富含蛋白质的食物中）。

确实，埃格兰起初就怀疑，她的孩子出生时并没有任何智障迹象。这种遗传代谢疾病后被称为“苯丙酮尿症”（phenylketonuria，或称PKU）。这种病症使得苯丙氨酸在他们的血液中累积，最终成为不可逆转的毒素，侵害了他们的大脑。

所有线索串在了一起，研究员为苯丙酮尿症患者制定了一套特殊膳食，可以防止智障。条件是孩子们需要在出现不可挽回的症状前发现病情并执行新的膳食标准。

怎样及早知道谁患有苯丙酮尿症以确保安全呢？这一问题最终被一个名叫罗伯特·格思里（Robert Guthrie）的医生兼研究员（最

初是癌症研究员）解决了。不同于最初的发展方向，格思里最终踏上了一条专业的道路。完全是出于个人原因，格思里由研究肿瘤学转向了研究智障的原因与预防，最终走上了一条与其初衷完全不同的职业道路。

他的儿子和侄女都有智障。但他侄女的认知障碍其实是可以避免的。

因为他侄女天生患有苯丙酮尿症。

格思里将研究癌症的经验用于处理苯丙酮尿症的检测问题。他设计了一个系统，从新生儿的脚跟采集少量血液样本，用小卡片进行收集和储存，用于检测苯丙酮尿症。这种卡片后被称为，于20世纪60年代在全美投入临床使用。之后又有10多个国家开始使用格思里卡片。几十年来，这种格思里卡片的应用范围不断扩大，也被用来检测很多其他疾病。

自柏格妮·埃格兰突破重重困难，决心找出她孩子智障的原因，到格思里检测大范围投入使用，期间历经了40多年时间。当然，这种方法出现的太晚了，没能帮到埃格兰的孩子。

没有人能描述那种悲剧的深刻。从埃格兰开始，到格思里结束，这是一条为了更光明的未来而苦苦追寻的漫长而又光荣的旅程。对此，也许只有诺贝尔奖和普利策奖得主赛珍珠才能胜任，她自己的养女就患有苯丙酮尿症：

“过去是这样，不代表将来一定是这样。对于一些孩子来说可能太晚了，但如果他们的困境能让人们意识到这些悲剧的无谓，那么尽管遭受了挫折，他们的生命也不至于毫无意义。”[15]

埃格兰孩子的悲剧就远非毫无意义。

如今，格思里卡片和由此带来的新生儿筛查被广泛使用，并扩展至几十种其他代谢疾病的检测，成为罕见疾病带来广泛启示的又一例证。但就算是新生儿筛查也不是万能的。对于有些人来说，只有复杂的基因检测才能发现小的营养决策对健康产生的大影响。

那是2010年曼哈顿春天一个下雨的早晨，我遇到了理查德。

我走进检查室时，他正在房间里上蹿下跳。我稍后才知道，这孩子常常如此。

当然，对于10岁的男孩来说，喧闹与活跃很常见。但这个男孩甚至要远远超过《野兽家园》里那个精力旺盛无处发泄的名叫马克斯的小男孩。这也使得理查德在学校惹了相当多的麻烦。

但这并不是理查德第一次进医院的原因，他是因为腿疼。

在其他方面，理查德所有看起来的感觉，都显得很健康。他的新生儿筛查？很正常。他近期的年度体检？达标。他看起来状态很好，但事实上，只要花些时间，任何人都能发现他有点儿毛病。如果不是一些非常好的医生留意到了他的反复抱怨，摈弃了简单但非常不科学的诊断——“生长性疼痛”，我们可能完全不知道他生病了。

对男孩的腿疼，也没有其他更好的解释，医生给他做了基因检测，结果显示理查德患有OTC缺乏症，与我们之前所说的辛迪患的是同样的病。

你可能还记得辛迪OTC病症使得她去了很多次医院。而理查德的病症却相反，好像对他几乎没有什么影响，只有令人费解的腿疼。这可能和他体内高于正常水平的氨有关。

但理查德的其他症状程度非常轻微，他和他爸爸甚至都怀疑他是不是真的有病。我遇到他的那天，他的后兜里还塞着一根锡纸包的意大利辣香肠。尽管理查德和他的父母早已被反复告知，患OTC缺乏症的人应该吃低蛋白的食物，因为过多蛋白质累积到体内，他们的身体无法应对。

那根意大利辣香肠说明了为什么他的症状无法消退。

他家人没有意识到，说理查德在学校和家里都不能集中注意力，恰恰不是行为而是生理导致的。大多人体内的氨水平超出正常值时就会颤抖、抽搐甚至昏迷。但对于理查德来说，氨水平上升好像导致了他好斗和集中精力困难。

我得说实话，最开始我也没看出这一点。我们初次见面给他的指导——我们指出要从他的饮食入手，因为估计这会对他的腿疼有帮助，之后他就回家了。

3个月之后，理查德又回到医院。而这3个月他做到了严格地控制饮食。这次大家才真正知道，理查德的病并不是表面那么简单。他的腿不再疼了——这很好——但让人非常惊讶的是，他在学校表现特别出色。他更冷静也更专心了，不再是那个野兽之王马克斯。

接下来的几个月里，我不断思索着理查德重大转变背后的启示。毫无疑问，还有更多的理查德。事实上，可能还有很多很多，也在毫不知情地吃着不适合他们基因的食物。可能情况不严重，不至于出现代谢危机，但至少会将他们送进校长办公室。

看到专业医疗中心里的这些孩子，我常常会想，有多少像这样存在代谢问题的病人在初诊时没有被发现出来，还有多少根本就未到医疗机构就诊？

我们真是不知道有多少人会被诊断为认知障碍甚至自闭症谱系障碍，但实际上患的是一种潜在的代谢疾病，却从未得到诊断和治疗。比如，在知道 PKU（苯丙酮尿症）之前，我们无法理解这些孩子的智力障碍是由于没被解决的代谢疾病而造成的。

我希望，科学越进步，越多的像理查德这样的病人能够被我们理解，通过医疗干预和个人生活的简单改变去满足个体的基因和代谢需求，让更多的生命得到改善。

所以，关于营养，辛迪、理查德和杰夫能教会我们的是什么呢？答案是，说到基因组，我们都是人类的一分子，而说到表观基因组甚至菌群，我们是完全独一无二的，因此优化膳食与预防营养不良是不同的。我们能够而且应该检查我们的基因和新陈代谢，以便找出最适合的食物，了解应该吃什么，不应该吃什么。

为患有罕见遗传疾病的人制定特殊饮食，我们到了比这更进一步的阶段。通过基因测序，我们能获取一些信息，从而可以坐下来，享受一顿根据个性化遗传基因而准备的大餐。

下一步要考虑的，就不仅仅是饮食要更具遗传基因的个性化，而到了该看看我们的药箱的时候了。

第6章 根据基因型服药

看致命止痛药、预防悖论和冰人奥茨如何改变医学面貌

每年，由于医生开药剂量不当，导致成千上万人的死亡，还有更多人因此患上严重疾病。

并不是他们的医生疏忽大意。绝大多数时候，医生的药方是符合药品厂商和专业医学组织的建议服用量的。那么多人会有服药后的不良反应，都在于基因。就像对咖啡因的新陈代谢，有些人天生就拥有比别人更容易分解某些药物的基因。并不只你继承的那些基因会导致药物的不良反应，有时，也是你所继承的某个基因的数量对身体造成了影响。有的人遗传的 DNA 要多一点，有的人要少一点，可以想见，这就造成了人与人之间的很多不同。除非去做基因检测或测序，否则是不可能知道你的遗传基因的。

如果在你的基因组中碰巧有一个基因缺失，结果就会导致某部分的 DNA 信息缺失，而这种内部信息对你的发育或健康至关重要，那你很可能会出现某种特定的症状。但是当这里有一个 DNA 材料的复制，就不一定清楚含义是什么了。

有时候一小点多出的 DNA 并没有任何影响，但有时候却会深深

地改变你的生活。在后面我们将会看到，哪怕多出一小点DNA，也会使普通药物变成致命的毒药。现在你可能已经知道，你对自己的基因组所做的事，其重要性与你所继承的基因一样。这些生活方式的选择，包括了你对所服用的药物的选择。

在一个令人心碎的案例中，一个叫梅根的小女孩死于常规的扁桃体切除手术，并不是因为她的身体无法应对麻醉或手术。事实上，手术很成功，第二天梅根就出院回家了。梅根的死因是她的医生们所不了解的对于她却至关重要的东西。没有人检查过梅根的基因。

梅根可能到死都不知道自己的遗传密码有什么不正常。大部分人的DNA只有轻微差异，梅根继承的基因组里也只出现了一个极小"重复"。这一极小的"重复"就位于她的基因组里，不像我们通常所见到的那样，一般人有两个CYP2D6基因——从父母那儿各继承一个，而梅根有3个。[1]

手术后，像对待她之前的上百万病人一样，医生给了梅根可待因镇痛剂。但由于梅根的基因遗传，她的身体却将少剂量的可待因迅速转化成了大剂量的吗啡。最终，对于大多数儿童来说，有减轻疼痛的效果，以使他们感觉更加舒适的推荐剂量，在梅根这里却成了用药过量，并致其死亡。

因为该案例，2013年美国食品药品监督管理局（FDA）最终决定禁止给做完扁桃体切除手术和腺样体切除术的儿童服用可待因。[2] 悲剧的是，这并不是个案。大概10%有欧洲血统和30%有北非血统的人因为他们所继承的基因，都会超速代谢某些药物。[3]

考虑到所开处方药物的数量和所涉及的基因谱系，在儿科人群中使用的可待因，很可能只是旨在疗愈人们却适得其反的大量药物的一种。

通过相对简单的基因检测，你对某些药物（包括麻醉剂）是过快代谢还是过慢代谢，我们现在已拥有可识别的工具。但是，如果最近有医生给你开了泰诺 3（Tylenol3）这类的可待因麻醉剂，你一定没有接受这方面的检测。

那么，为什么没有采取手段积极推动这类检测的广泛使用呢？这真是好问题——在医生给你或你的孩子开某些药时，我绝对鼓励你向他提出。*

当然，对某些人是危险的并不意味着对所有人都有危险。对某些人来说，可待因对于止痛完全是有效和安全的选择。

未来的走向，应该是这样一个世界，对你的遗传基因敏感的所有药物都不再有平均的推荐用药剂量，而是顾及无数的基因因素，开出一个只针对你个人更为合理剂量的个性化处方。我希望这一天越早到来越好。

药物的推荐剂量对大多数人很好，却未必适合所有人。除此之外我们还逐渐了解到，对于预防性健康措施的反应，基因组也扮演着重要的角色。要想理解这对你及给你的健康建议意味着什么，我要介绍你认识杰弗里·罗斯（Geoffrey Rose），了解一下他的“预防悖论”。

有些医生做临床，有些医生搞研究，不是所有医生能身兼两职，也不是所有医生愿意身兼两职。

但是对包括我在内的一些医生来说，能看到实验室的研究在救治病人生命的过程中反映出来，可谓提供了不可思议的观察机会，深刻的医学和临床认识，当然还有在第一线帮助人们的绝对特权。

---

* 少数会被基因影响的处方药包括氯喹、可待因、氨苯砜、安定、埃索美拉唑、巯嘌呤、美托洛尔、奥美拉唑、盐酸帕罗西汀片、苯妥英、普萘洛尔、利培酮、他莫昔芬、华法林。

这也是杰弗里·罗斯不断前行的动力。在伦敦历史悠久的帕丁顿区圣玛丽医院，作为当时世界最有声望的慢性心血管疾病专家、卓越的流行病学家，罗斯根本没有被研究团体要求做任何临床工作。但几十年来罗斯一直会诊病人，甚至在遭遇严重车祸、几乎要了性命并致使一只眼睛失明之后，他仍然如此。他告诉他的同事们，这是因为他想确保他的流行病学理论一直以相关临床为基础。[4]

或许，罗斯最为著名的是他对群体预防措施的必要性的强调，比如我们应用于发病率极高的心脏病的教育和干预措施。但是他也充分意识到在这种方案中存在的公共健康缺陷。他将这种缺陷称为"预防悖论"，就是说，某种措施可能会减少整个人口的患病概率，但是对某些个人来说作用却很少或者根本没有。[5]这种手段给"整体成功"以优先考虑，而对于不符合大多数人基因类别的少数人的需要只能忽略。

简而言之，对于身高5.1英尺、185磅（1.72米、84千克）的白人男性药效神奇的药物，对你可能毫无用处。正如我们在本章开始时看到的，给梅根开的可待因处方药，它甚至还能杀人。

即便如此，我们已经通过接种疫苗（比如天花疫苗）为整个人类健康作出了杰出贡献。但在现实中，医生要面对的不是整个人类，而是整体中的单个病人。我们的用药指导原则源自从群体研究中搜集而来的证据，其中的个体拥有各种不同的基因背景。这也是为什么可待因长期以来都用于缓解扁桃体切除手术后的疼痛——因为对大多数儿童来说，大部分情况下它都是有效的。

举一个"预防悖论"的例子。当LDL（低密度脂蛋白）胆固醇或"坏"胆固醇偏高的人开始服用鱼油补品时，头几周内就会出现状况。研究人员发现，服用鱼油（含有丰富的omega-3脂肪酸，可从马鲛鱼、大比目鱼、大马哈鱼、青鱼、鱼肝甚至鲸脂内提取）的人群中的LDL

水平的变化差异非常大。服用鱼油后的人的LDL水平低的可降50%，高的可剧增87%。[6] 研究人员进一步证实，携带APOE4基因变异的人群如果饮食中补充在鱼油中发现的所谓健康脂肪，体内胆固醇水平会更高。也就是说，补充鱼油对有些人有益，对有些人有害，这与他们继承的基因有关。

迄今为止，成为世界范围内无数人日常服用的保健品并不只有鱼油。据估计，一半以上的美国人被认为会不定期购买保健品，促成一年高达270亿美元的销售额，希望以这种似乎简单、天然的方式来预防和治疗疾病。[7]

但是关于保健品和维生素的服用并没有什么医学上的指导或建议，所以我才经常被问到这些东西到底有没有用，有的话，服用多少为宜。我的回答经常要加上限定词“取决于”。是否服用保健品或维生素取决于很多条件。你是否被告知你的体内缺乏某种特定的物质？你的遗传特性是不是需要你补充某种维生素？最为重要的是，你有没有怀孕？

说起胎儿发育，这是观察维生素和基因两种因素共同作用预防严重出生缺陷的最好机会。为了加深理解，我们需要去20世纪早期旅行一趟，我想请你见见一只狡猾的猴子。

在世界范围内消除出生缺陷的最大进展之一，来自路西·威尔斯（Lucy Wills）和她的猴子。这也是一个极好的例子，说明“大多数时候对大多数人来说是最好的”的老办法，对某些人来说可以非常有效地挽救和改善生命，但对某些人来说轻则无效，重则带来生命危险。

与许多在即将迈入20世纪之前出生的一代年轻、聪明的准医生一样，威尔斯对位于前沿领域的弗洛伊德思想十分着迷，考虑投身于对精神病学和对临床经验的追求。在伦敦大学女子医学院接受教育期间，由于该学院同时与印度几所医院都保持着密切的关系，威尔斯获得了一个重要机会去当时的孟买，研究一种鲜为人知的疾病——孕期大红细胞性贫血症（macrocytic anemia of pregnancy）。该病可引起怀孕女性虚弱、乏力和手指麻木。[8]威尔斯很快对她自己有了认识：她喜欢无法解释的神秘事物。

当时，人们对孕期大红细胞性贫血的仅有了解是，患者的红细胞会体积变大，颜色偏淡。得这种病的原因是什么？得这种病的人大多是贫穷妇女，威尔斯怀疑这可能与她们的饮食有关。在威尔斯的时代，就和我们现在一样，地位低下的穷人吃不到新鲜水果和蔬菜。威尔斯去研究的印度纺织工人就属于这种情况。

为了验证她的假设，威尔斯将纺织工人吃的东西喂给孕鼠，结果老鼠的红细胞确实显示有类似的变化。在对其他动物的实验中，威尔斯也获得了相同的结果。

然后，威尔斯为动物设计全新的饮食，就像现在的父母受到鼓励给婴儿吃新的食物一样。为了找到哪种食物能带来相反的结果，威尔斯一样一样地尝试。

威尔斯知道，一个完全健康的食谱就能解决问题，但她也知道她没有那种力量让它发生在每一个印度妇女的头上。那么，她需要做的就是找到妇女们的食物中缺少的确切元素，在怀孕期间有针对性地补充。尽管付出了巨大努力，威尔斯仍然没有发现这种元素，直到决定命运的一天——她的一只实验猴子的手上沾了些酵母酱（Marmite）。

如果你是英国人或所在的国家是前大英帝国殖民地，你可能会知道酵母酱（以及很多同类产品的品牌，包括 Vegemite、Vegex 和 Cenovis）。这是一种黏黏的、咸咸的深褐色糊状物，散发着一种让人要么爱它、要么恨它的气味，由酿制啤酒的副产品酵母浓缩制成。当然不是所有人都有福消受，但有些人确实离不开它。酵母酱在两次世界大战期间是英国军队每日口粮的主食之一。在1999年的科索沃战争中，酵母酱供应不足，士兵们和家人成功地发动了一次书信抗议运动，将这种食物重新带回到军队帐篷的餐桌上。[9]

威尔斯对自己所做的每件事都有一丝不苟的记录，但关于她的猴子是如何在手上沾到酵母酱的却没有任何记录。有可能是淘气的猴子偷了威尔斯的早餐。

酵母酱通常被戏谑地称为"罐子里的焦油"，它充满了叶酸。威尔斯发现，吃过这顿酵母酱盛宴之后，她的猴子的病情有了明显的好转，而这正是治疗孕期大红细胞性贫血的秘密。

又过了20年，研究员才确切知道了为什么叶酸会有这么大的疗效。因为在此之后，我们发现了叶酸对于迅速分裂的细胞非常关键，这就解释了为什么得不到足够叶酸的怀孕妇女会患贫血症：肚子里孩子的发育消耗了她们的所有叶酸。

20世纪60年代，研究者发现，叶酸缺乏与神经管缺陷（neural tube defects，NTDs）也有联系。神经管缺陷是指中枢神经系统的异常开口。比如脊柱裂患者就会出现这种症状，脊柱裂起初可能是良性的，但也可能导致死亡。因此，医生经常要求还没有怀孕但在育龄期的女性也补充叶酸，因为妊娠期的前28天补充叶酸最能防止NTDs疾病，而这时很多女性并不知道自己怀孕了。补充叶酸还能减少早产儿、先天性心脏病甚至自闭症（根据最近一项研究）的发生。[10]

现在知道了这些，如果你还是不能把酵母酱抹在早餐面包上，那也不用担心，在扁豆、芦笋、柑橘类水果和叶类蔬菜中都含有叶酸。

美国妇科产科医生协会建议，育龄妇女每天应至少摄入400微克叶酸。但这是基于有着普通基因的普通女性的用量。但是如我们所知，根本就没有普通病人。

该建议也没有考虑一种最常见的遗传变异。大概1/3的人口有不同类型的甲基四氢叶酸还原酶基因（MTHFR），该基因对于体内叶酸的新陈代谢非常重要。

我们不理解的是，为什么有些妇女在孕前认真地补充了叶酸，但孩子仍会患有NTDs。[11] 似乎对于一些携带某种MTHFR变异基因或其他与叶酸新陈代谢相关的变异基因的妇女，每天400微克的叶酸量是不够的。因此，她们可能需要摄入更多的叶酸才能起到作用，这也是现在很多医生的建议，特别是在NTD的预防中。

细想一下，事前稳妥总要比事后追悔更好吧？

不过，先别急着跑到药店，你可能还需要考虑一下其他因素。过多摄入叶酸会掩饰另一个问题，那就是钴胺素（或维生素B12）不足。简而言之，试图阻止一个问题可能会掩盖另一个问题。由于我们对补充大量叶酸会引起的短长期后果仍处于非常初级的临床认识阶段，所以，如果不是特别确定自己和孩子有这种需要，还是不要摄入额外的化学复合物，这是更安全的做法。所以，服药之前先全面检查一下基因组会更有帮助。

一直到不久前，都没有好的途径知道人们体内携带的是哪种版本的MTHFR基因。现在有了。我们可以进行该基因的常见版本或其他多种形态的检测，在一些产前检查中就可以做。这些筛查，又称携带者检测，搜寻几百个基因中的数千种突变。如果你正准备怀孕，可以把这个加到你要问医生的问题清单中去。

如果医生没有立刻给出一个权威的答案，告诉你能否对基因的不同版本（如MTHFR基因）进行商业性的产前基因检测，不要感到惊讶。由于检测费用已经大幅下滑，检测是容易，但如何使用这些检测结果却还相当滞后。

尤其是，现在许多医生还在尝试确定相应的措施为前来咨询的妇女设计个性化关怀，以前他们根本不需要这么做。但是随着医生对APOE4等基因了解的加深，以及生活方式（如服用鱼油）对基因的影响，变化在发生，而且很迅速。

这些发现带来了一些新的研究领域，比如药理遗传学、营养基因学、表观基因组学，这些研究的目的都是为了更好地了解我们的生命是如何被基因影响和改变的。

现在你知道基因在你的营养需求中扮演的角色了，那么，在寻找下一种保健品前，你就需要增加一项考虑因素了。

请允许我带你去另一趟重要的旅行，探索维生素补充剂是从哪儿来的。

或许是出于一时的保健兴趣，或许是新年伊始下的一个决心，或许你刚好到了觉得生活该作改变的时候了，也或许这里所有关于营养的讨论让你想到自己的体重，所以你想减肥或者改善睡眠。不管你的计划是什么，你可能已经考虑或正在服用一种维生素或草药保健品。

或许是2种、3种、7种。

但是你有没有想过这些药片和胶囊的来源？那个可爱的小熊咀嚼片所含的维生素C是从哪里来的？

我打赌你们有些人会说"橙子"。

这不奇怪。毕竟，推销这些产品的公司经常把橙子或者其他柑橘类水果作为标签，好像他们的员工清晨一醒来就在佛罗里达的果园里，从树上摘下几个丰满、多汁、熟透了的橙子，经过一些神奇的过程，将每只橙子浓缩成一粒可以吃的泰迪熊。

实际上，包括你和你孩子今天早上服用的很多维生素的制造过程就类似于处方药的生产。从某方面来想，这是好事。因为维生素和保健品生产过程的专业化，意味着你今天摄取的东西和昨天的一样，明天也是如此。

实际上，除了政府的管理不一样外，处方药和许多维生素的唯一区别是后者所含的化学物质通常可以在天然食物中找到。

但是服用维生素跟在食物中摄取维生素不一样。当我们吃橙子的时候，我们不只是在吃一只完全由维生素 C 组成的水果，还有纤维、水、糖、钙、胆碱、维生素 B1 和上千种植物性化学成分，并不只限于单一的一种维生素。

这样看来，服用维生素有点像从《心中的帝国》里单单挑出钢琴部分来听。没有了杰斯的断音节奏、艾丽西亚·凯斯的伴唱以及节奏音轨和吉他的即兴反复，你听到的就只是几种重复的键盘敲击声。

也就是说，我们失去的是交响乐般的营养的完整性——一个真正的橙子中包含了很多植物化学素和植物营养素，虽然这些物质有什么作用我们并不完全了解。

并不是说补充维生素在任何情况下都没有用处，我们前面也看到通过补充叶酸可以防止神经管缺陷病。但如果你正服用维生素，或者给孩子服用，取代了能够以更自然的方式来获得维生素，那你可能就错过了以它们最为自然的形式食用维生素所带来的真正营养的盛宴。

如果你想将最新的营养基因组学和药物遗传学研究成果应用到日常保健中去，从哪儿开始呢？

好，要开始的话，就像我们之前讨论的，你要尽可能多地去了解自己的基因遗传特性。你甚至可以考虑测一下显性基因或基因组的序列。最好是在你还活着的时候就了解并利用自己的基因遗传信息，虽然活着并不是获得这些结果的必要条件。下面你将会看到，即使是死人也可以透露出遗传信息。

一小队徒步登山者在奥地利和意大利边界附近穿越阿尔卑斯山脉奥茨塔尔山时，偶然发现了一具尸体。尸体已经损毁，并且腐烂严重。所以，他们起初以为发现了另一队登山人的残骸——或许是死于几年前的某个人。

他们用了几天时间把尸体运下山。但是下山后却发现，很显然这不是普通的登山者，而是一具保存非常完好的木乃伊，至少有5300年的历史。

自从冰人奥茨被发现的几十年间，我们知道了大量关于他的生活和死亡的事情。一开始，伤口显示他是被谋杀的——似乎是由于卡在左肩软组织中的箭头以及随后头部受到重击造成的死亡。研究员对他的胃内和肠内残留物质的分析，发现他在死前的最后几天里吃得相当不错，有谷物、水果、植物根茎，还有几种红肉。

但是直到研究员从他的左髋取下一小节骨头，有意思的基因组研究才真正开始。经过对存留在骨头中 DNA 的基因分析，研究员发现，虽然奥茨的发现地是意大利北部寒冷的山区，但从基因上来看，与他最接近的人是今天300英里（约480.9千米）外撒丁岛和科西嘉岛的岛民。他很可能肤色较浅，眼睛呈棕色，O 型血，且有乳糖不耐受症，同时基因上的缺陷增加了他死于心血管疾病的风险。也就是说，如果我们能回到那个时代，让他远离牛奶、肉类和谋杀者，他的寿命可能会比研究员估计的45岁稍微长点。[12]

对于奥茨来说，这些遗传信息来得太晚，都没什么用了。但是如果我们能从一个5000多年前穿行在阿尔卑斯山中的人身上获得那么多信息，想想今天的我们可以从自己身上获得的信息会有多少。

如果你没有条件进行全面的基因检测，可以采用低技术含量的方式，不需要经历奥茨那种死后的严格基因检测。追溯一下你的家系图就可以获得很多有用信息。例如，去问问你的亲戚是否对某种药物过敏可能就会救你一命。

当我们试图将一种由无数基因相互作用带来的复杂疾病分成若干部分加以研究时，任何一点信息都会非常关键。事实上，在遗传病研究上，没有比家族病史更好的了。

一些医生试着寻找遗传病和家族史的关系，这类详细信息绝对是一个待开采的金矿。

你最好设法为兄弟姐妹、孩子和孙子孙女们做基因测序，获得重要信息，从而能更好地了解和利用遗传信息，拥有更健康的身体。你能为他们提供的最好礼物就是一个完整的家族史，从你父母的健康情况到你祖先的身体状况，追溯地越久远越好。

让它越详细越好——你可能根本想不到，某一代人的一些看似微不足道的小事，比如对某种药物过敏，就可以带来许多有用的家族医学信息。所以，不管是通过详细的家族史还是直接的基因检测，更多地了解自己的遗传信息会提醒你关注自己独一无二的个体特征。

它会提醒你别再随大溜了，现在该问问自己了，什么药物和剂量最适合我的基因型？我怎么才能避免“预防悖论”？什么样的营养策略和生活方式能最好地满足我的基因需要？从一个5000多年历史的意大利冰冻木乃伊身上能得到什么遗传教训？

你可能不会立刻获得所有这些关键问题的答案，但是通过问这些问题，对让你之所以是你的一些最重要的基因遗传特性会有更好的了解。

第7章 选边

基因如何决定左与右

“愤怒的公牛”完了，他被赶回了牧场。他们这样评论道。

这不仅仅是评论员们的观点——尽管的确有很多这样的评论，那些冲浪好手也这么说。很长时间以来，他们就知道马克·奥奇鲁普内心的恶魔已经控制了他，药物发挥了作用。人们看到他的腰变得越来越粗，他与其他顶尖冲浪者的差距越来越大。

1992年是最具爆炸性丑闻的一年。据报道，在法国东南部著名的奥瑟戈尔海滩举行的Rip Curl Pro职业冲浪赛上，被世人昵称为“奥奇”的他试图推倒裁判亭，将冲浪板砸向对手，甚至还啃了几口海滩上的沙子，随后宣称自己要游回澳大利亚老家。[1]

这个自信满满、狂妄自大的澳大利亚人，从来没有赢得过世界冠军。这一年，当奥奇鲁普放弃了ASP世界职业冲浪巡回赛时，似乎他再也没有得冠军的希望了。

然而，离开了闪光灯，奥奇开始调整自己的生活。他不再酗酒，成功减重，发誓丢掉长期以来每餐必吃的炸鸡。他重新开始冲浪，但这一次完全为了兴趣和健康，而非名声和金钱。

随后，在1999年，奥奇鲁普不断地磨砺自己，在比赛中战胜一浪又一浪，超越一个又一个对手，终于拿下了ASP世界职业冲浪巡回赛的冠军。那时他33岁，成为该比赛有史以来年龄最大的冠军。

几年后，奥奇仍然在冲浪。再次退役之后——这次比上次要轻松多了——愤怒的公牛又一次冲向巡回赛。一个晴空万里的早晨，我在夏威夷瓦胡岛上观看了奥奇鲁普的比赛。只见他不顾一切地冲进巨浪，很快从翻滚着白色泡沫的浪峰钻出来，又瞬间扎进波谷，用力之猛，就像我们听到一个好笑话时，笑得连吃奶的劲儿都使出来了。

我不是专业冲浪运动员，但是那天当我观看奥奇鲁普冲浪时，有一件事真的引起了我的注意：他是左撇子。

有人管惯用左手的人叫南爪子，也有人叫“软木浮标”或“左撇子”。科学家通常把他们叫作邪恶分子（sinister），sinister在拉丁语里原来是“左”的意思，但后来渐渐与“邪恶”有了关联。[2]

想知道天生左撇子在医学上意味着什么吗？你可能会想不到，左利手的女性在绝经前患乳腺癌的概率是右利手女性的2倍以上。少数研究人员相信，这可能与胎儿在子宫内接触过某些化学物质有关，这些化学物质影响了基因，从而使得胎儿出生后既是左撇子，又容易患癌症。[3]这是后天改变先天的又一种可能的方式。

涉及我们的手、脚和眼睛，大部分人都以右侧为主。你可能认为习惯用哪一侧的脚和手是一致的，但实际上对右利手的人而言并非如此，左利手的人尤甚。大部分人都是不一致的。

在滑板类运动中，左撇子被叫作高飞，意思是指哪只脚踏在滑板的后部，这只脚就会在转弯时控制方向。奥奇就是左脚在后站在滑板上的。

有非常多的理论试图解答为什么有些人是“高飞脚”。但是据说这个词最早出自1937年上映的一个8分钟的动画短片《夏威夷假日》。这部彩色卡通片的主角是迪士尼大红人：米老鼠和女友米妮，唐老鸭和大狗布鲁托，当然还有米奇的忠实伙伴高飞。这伙人来到夏威夷度假，高飞想要冲浪。当他终于赶上了一道浪，乘着昙花一现的浪峰冲向岸边时，就是右脚在前，左脚在后地站在滑板上的。[4]

如果想在去海边之前知道自己是不是高飞脚，你可以想象自己在楼梯底部要往上爬时，会先迈哪只脚？如果这想象中的第一步是左脚迈出的，那很可能你是高飞脚俱乐部的一员，如果不是，那你就和大多数人无异。

为什么人天生是左利手、右利手或高飞脚呢？这被认为跟发育早期的大脑形成有重要关联。学术上这叫脑部偏侧性（lateralization），一个最为流行的解释是，我们大脑的两侧各有特殊的功能。这种分工可以让我们完成多种复杂的工作。

你工作的时候能吹口哨，为此同事们应当感谢你大脑非凡的偏侧优势。你可以边开车边打电话，这也是偏侧优势。*

那为什么大部分人都是右撇子呢？对于人类来说，一个最重要的任务是交流，而这一过程主要由大脑左半球控制。一些科学家认为，这就是右撇子占多数的原因，正如你可能已知的那样，因为大脑左半球一般控制身体右侧肌肉（所以大脑左半球中风更容易导致右臂和右腿残疾）。

那么，如果你是高飞脚，有必要担心吗？这也是很多人问艾马尔·克拉尔（Amar Klar）的问题，他是美国国家癌症研究所基因调控和染色体生物学实验室的高级研究员，已经对优势手的基因问题研究

* 你可能并不像你想象的那么长于此道，研究发现，通常在开车时，打电话的人跟醉酒驾车者一样糟糕。

了10多年。

克拉尔相信，基因直接决定了人的优势手，也许，只要一个基因就能决定。在我们梳理人类基因组时，这个发现一直被忽略。克拉尔的团队用一个令孟德尔自豪的显性/隐性特征模型，来支持这一理论，甚至可以解释同卵双生子有时优势手不同的现象。这种现象似乎与基因遗传相悖，但克拉尔和其他几位有声望的遗传学者提出的理论是，这一基因携带两个等位基因，一个呈显性，导致右利手，而另一个则呈隐性。遗传一对隐性等位基因的人，成为左利手或右利手的机会各占一半。10多年过去了，克拉尔仍然没有找到这一神秘的基因，但他仍抱有希望。

除了完全由基因导致的优势手理论之外，有人认为左撇子是由于在胎儿发育或出生时，神经受到损伤影响了脑部造成的。

汇集“损伤理论”的证据，有人发现早产儿和左撇子之间有一定联系。一个瑞典人做的元分析*发现，早产儿是左撇子的概率为一般人的两倍。[5]

发现更多优势手的生物学原理，不管是遗传、环境，还是二者兼有，都有助于我们决定是把孩子安置到软式垒球击球区的左侧还是右侧。正如我们已探讨过的那样，左撇子还与阅读障碍、精神分裂症、注意力缺陷多动症（attention deficit hyperactivity disorder，ADHD）、情绪异常甚至癌症有关联。[6]确实，优势手的不同已帮助丹麦研究人员识别出，在8岁有ADHD症状的孩子（我们必须承认，几乎所有孩子都有多动倾向）到16岁时依然如此。[7]

然而，与优势手的情况不同，我们对于决定身体发育过程中的解

* 元分析指的是结合许多相似研究的结果，以增加统计功效和精确度。

剖位置的遗传因素了解更多：辛勤工作的基因确保心脏和脾被安置在左侧，而肝脏则在右侧。这一基因规律可回答以下问题。

身体两侧各有各的功能真的很重要吗？如果你曾被标着冷水的龙头中流出的热水烫到过，那你就会知道偏侧性出错的痛苦。当我们的身体不按期望的标准工作时，就会有危险，或至少像那个高飞似的。

要想了解基因如何帮身体选择左右，我们首先要回到你踏上人生旅途的起点：子宫内的胚胎。我们刚开始三维发育的时候，必须保持生长的微妙平衡，这样才能保证以后身体有正常的比例。

有趣的是，稍微一点变化就会打破这种平衡，使一切脱离正常轨道。所以，一点点生物学上的偏侧可能有好处，但是稍微再多一点就会带来严重后果，而且非常迅速。

如果你在野营时坐过小船或独木舟，你就知道了。每一个人都坐好，协调一致地划船，独木舟就会在水中平稳前进。但是只要有一个人不合时宜地站起来，独木舟就会倾斜。

想到这些的时候，我正站在瓦胡岛北部海滨的沙滩上，看着奥奇鲁普乘风破浪，左突右冲。这位总是一步领先的弄潮儿，就像日本厨师在嗞嗞响的铁板烧上片着鸡胸肉一样游刃有余。

奥奇鲁普已经是冲浪老手了，但若不是20世纪30年代的一项发明，即便是他也无可奈何。

如果你看过《夏威夷假日》这部动画片，你或许注意到高飞用的冲浪板有点像烫衣板，又长又平，一头成锥形，底部什么也没有。这是因为他的冲浪板还没遇到汤姆·布莱克，一个冲浪板的发明家和制造者。在这部动画片问世的前几年，布莱克为冲浪板底部安上一个鳍状物，从而能更好地保持平衡，并提高了操作性。据说，布莱克做第一个滑板用的原料是一截被冲到岸边的轮船龙骨。

开始没人知道这么一个附加物是做什么用的。但是，在那之后的10年里，几乎世界上所有的冲浪板都加上了一个或多个这样的鳍。[8]

冲浪和基因以及我们的发育又有什么关系呢？人类没有这种鳍状物，但是我们的基因里有一种类似结构结节纤毛。结节纤毛在我们的发育中至关重要，而且还为正确基因的正常表达创造了环境。你可能从来没有听说过，它们叫“纤毛”的结构物出现在胚胎发育期。那时候我们就像母亲子宫里压扁了的口香糖。结节纤毛从未来发育为脑袋的地方伸出来，就像小小的蛋白质天线。

正如鳍状物可以帮助冲浪者转向，切开波浪，同样地，纤毛对于胚胎的游动（有时候还有感觉）也很关键，还能创造出必要的空间化学浓度梯度。如此说来，纤毛既简单又重要，它可以使液体朝某个方向流动，在胚胎周围创造一个涡流。这就改变了正常流动的蛋白质的数量，然后通过基因表达，在合适的时候引导了身体发育。

发育中的胚胎利用这些基因中的蛋白质信号，保证肝脏在身体右侧形成，脾脏在身体左侧形成。

在器官争夺身体两侧地盘的过程中，基因会编码出 Lefty2、Sonic Hedgehog 和 Nodal 蛋白，决定每个器官在身体哪一侧形成。

但若发生基因改变，使得纤毛没有行使正常功能，发育平衡就会遭到破坏。就像冲浪者的鳍状物被暗礁或突然涌起的潮水撞坏一样，不能正常工作的纤毛，会引起胚胎周围蛋白质数量的不平衡。

如果有过多的 Sonic Hedgehog 蛋白游弋在正常的边界之外，形象地来说，它会吃掉你的脾脏，让你没有脾。而如果 Lefty2 蛋白停止工作，身体会出现多个脾脏，叫作多脾症，这比 Sonic Hedgehog 蛋白引起的症状好不到哪儿去。

异常纤毛还可以让我们的器官移位。胚胎周围的涡流如果朝错误方向流动，你的一些主要器官会完全长反，也就是说，可能会使心脏长到右侧，肝脏长到左侧，脾脏长到右侧。

器官长错位置会带来很严重的后果，几乎会影响到一切，不管是血管还是神经连接。而凡是与血管和神经相关的问题一旦形成都很难解决，通常是完全没有办法解决。

这就是为什么，产科医生反复强调孕妇不能饮酒。他们大多认为孕期喝酒似乎没有一个已知的安全量。但话说回来，我们也看到孕期喝酒的母亲生下的孩子似乎并无损害。

为什么同样是孕妇喝酒，造成的后果却不同呢？因为我们的基因差异很大，特别是与酒精代谢相关的基因。孕妇的基因不同，她和伴侣遗传给孩子的基因不同，酒精对胎儿的影响就可能很不同，有的只不过是轻微中毒，而有的却如喝了强力毒药一般。[9] 由于胎儿发育期有很多不确定因素，所以我建议，保险起见，孕妇还是全程戒酒的好。

对于任何质疑因素而言，这应该是个好建议，包括不食用对孕妇不健康的食物。特别是在胎儿发育早期，孕妇戒酒尤为重要，因为此时的保护好纤毛最为重要。

在某种程度上纤毛就像发育这支交响乐团的基因指挥。如果你曾欣赏过交响乐大师的表演，就会知道，即便没喝酒，指挥交响乐团已经够难的了，更何况是喝醉了呢？所以，研究人员发现，孕期过度饮酒的母亲生出来的孩子都有脑部偏侧化问题，比如右耳听力障碍或者难以理解听到的信息，这一般都是由大脑左半球来处理的。[10]

管弦乐的指挥要整合旋律和节奏，使其和谐才能带来精彩的表演，而异常纤毛的活动与此不同，它带来的表演更像日本作曲家武满彻的作品，不和谐的乐曲引人深思，值得研究，但晦涩难懂。这是纤毛功能异常引起的相关遗传疾病所面临的挑战。

要想了解由纤毛异常引起的疾病，了解纤毛以及背后的遗传原理就非常重要。首先，我们必须知道纤毛无处不在，我说“无处不在”一点也不夸张。你可能从没听说过纤毛，但在你出生之前，它们就在保护你和你的幸福。纤毛就好像另一种形式的触觉，一些细胞会利用它来感知周围的微观世界。

下面，让我们来看看另一个利用触觉感知世界的精彩例子。

美国雕刻家迈克尔·纳兰霍在22岁参军前往越南时，遭遇手榴弹袭击双目失明，右手残疾。在日本医院接受治疗时，来自新墨西哥州一个艺术家庭的纳兰霍，请求护士帮他找一小块黏土。几天之后，护士满足了他的要求，纳兰霍从此开始了他的艺术之旅，这将他带往世界各地。[11] 很多年以后，他甚至受邀前往意大利佛罗伦萨的学院美术馆，美术馆为他竖起一个特殊的支架台，这样他就可以用手去触摸米开朗基罗的大卫雕像。这是纳兰霍“看”的方式。

跟这位不可思议的艺术家一样，我们的细胞也看不见，只能用基因编码的纤毛来感知世界。虽然纤毛对我们的生命来说如此重要，但由于它实在太小，我们大部分时候不会想到它。不过，它尺寸虽小，影响却大。

纤毛对生命的影响很早就开始了，甚至在它还没有搅动和感知胚胎液体之前——因为它对受孕也有一定的影响。

精子的尾巴就是一种改良过的纤毛，通常叫作鞭毛。如果精子尾巴摆动不正确，精子就不能正常游动，无法到达它应该去的地方。与此同时，纤毛会在输卵管入口处，在排卵的时候加速拍打从而加快液体流动，使得卵子从卵巢内排出来。

纤毛对肺部也有很重要的作用，它可以使肺部保持清洁，这对于吸进氧气是个很重要的因素。就像音乐会上明星扫过粉丝们手臂组成的海洋一样，纤毛会清除肺里的黏液、灰尘和细菌。即便肺部环境良好，这都会是一个很困难的工作，如果我们吸烟的话就更难了，因为香烟中的化学物质会对纤毛产生负面影响。每当听到吸烟者咳嗽，你都该对你的纤毛说声谢谢，因为如果这些由遗传基因控制的纤毛停止工作，我们也会像吸烟者那样咳嗽。

并不只有吸烟，才会让纤毛停止工作。如果你遗传了某种突变基因，比如DNAI1和DNAH5，纤毛也会出现异常。这种由基因突变引起的异常叫作原发性纤毛运动障碍（primary ciliary dyskinesia，PCD）。随着研究的深入，我们发现大部分纤毛的工作机理都还是未知的。但是一旦纤毛功能出现异常，肺部肌肉和弹性组织就会受到损坏，导致呼吸困难或鼻囊肿胀阻塞鼻腔。所有这些症状，都是由于遗传疾病导致纤毛未能获得信号，从而不能正常运作。

有些PCD患者也有内脏反位（situs inversus）的症状，这种情况可真够资深医生在查房时好好戏耍年轻人一番的。

我还是医学生的时候就曾有过这么一次终生难忘的经历。在一次体格检查教学中，一位导师让我“敲出肝脏”。这是一个用了几百年的叩诊方法，医生以此来估测肝脏的大小，来获取关键信息，虽然现在有了超声波，但是这位导师在我开始操作以前，并没有告诉我病人是完全性内脏反位，也就是说她所有的主要器官都长反了。

当我在病人的腹部笨手笨脚地叩诊，有点绝望地重复着自己在朋友、亲人和病人身上多次进行过的操作时，带教老师问我：“有问题吗，莫兰？”

“呃……我……”

“小伙子快点，就是敲一敲嘛。”

“我觉得……我是说，好像……”

当时我紧张不安，完全没有注意到病人十分想笑，而又极力控制着。最后她终于忍不住放声大笑。一开始我以为，是我在找她的肝脏时不小心挠痒了她的腹部。直到全屋的人都开怀大笑时，我才意识到，自己才是笑话的根源。

现在回想起来，我可以很轻松地聊起这出糗事，虽然当时让我很囧，这却是我医学教育中最有意义的一堂课。它告诉我，在检查病人之前，一定要先清除自己大脑中的所有假设。

对医生来说，保持头脑空白并非易事。有些事情我们总觉理所当然，特别是我们的医学训练，总让人具备一些人体解剖学和生理学方面的临床假设。

当我成为一个真正的医生，工作更为忙碌，这一问题也变得更加突出。但是，越是针对个性化的治疗，这一点就越重要，我们必须放下先入为主的设想。

不过，还是有些事具有普世价值。纤毛背后的遗传原理，对健康的重要性是不容置疑的。除了帮助器官长在身体正确的一侧，纤毛还影响我们肾脏、肝脏甚至视网膜结构的形成。[12] 就像纳兰霍可以用手感知大理石，改良纤毛可以帮助细胞确定三维方向，从而帮助骨头的结构正常成形。

事实上，在我们的身体里，纤毛几乎处处都扮演着重要角色。但我们对纤毛的研究，仍处于非常初级的阶段。

如果身体内没有产生纤毛的基因，就不会有偏侧化，而没有偏侧化，内脏器官和大脑就不能顺利形成。因此，偏侧化是生命的核心。我们会看到，偏侧化会带来深刻的基因影响，程度之深无法形容、难以想象。

有时，选边是迫不得已的事。几年以前，我曾看过现实世界中关于这一理论比较滑稽的一幕。那是在老挝和泰国的边界上，两国的过境站是一座桥。桥刚通车的时候场面十分混乱、热闹，因为泰国人开车走左边，而老挝人开车走右边，迎面相遇，他们不知道该走哪边。

在我们体内也是如此。如果不能分配好每一侧的功能，那我们的体内就是一个混乱的分子世界。正因如此，体内器官要么移向左侧，要么移向右侧。虽然我们这个世界由右撇子主导，但是我们体内的生物化学过程似乎更青睐所谓的左撇子的分子构型。

例如，20种氨基酸组合构成了我们几百万个蛋白质结构。从基本层面来说，氨基酸是建造身体结构和功能的材料。氨基酸的具体排列顺序取决于基因转录的信息。DNA有一个字母改变，构成蛋白质的氨基酸就会改变，从而完全改变这个蛋白质的性能。所以，构成蛋白质的氨基酸种类和排列顺序极其重要。

氨基酸（除了甘氨酸）都具有手性，也就是说，有些氨基酸是右旋的，有些是左旋的。实际上，我们在实验室里合成氨基酸时，获得的右旋氨基酸和左旋氨基酸通常是同等数量的。

右旋氨基酸没什么不好，当然也可以像左旋氨基酸一样工作。如果你把它们像叠座椅一样叠起来，它们也会很稳固。但不知出于什么原因，在地球上构成生命的蛋白质中，绝大多数氨基酸都是左旋的。

你可能觉得这有点脱离地球了，那说明你正试着了解美国国家航空航天局（NASA）的科学家得出的理论。这一理论确实是脱离地球的。

2000年年初的冬天，几块陨石落在了加拿大西北部的塔吉什湖，NASA科学家获得了一些样本，把它们放在热水中，然后利用液相色谱－串联质谱技术将其分子一点一点分离，该技术是实验室将单个分子从其他分子中分离出来的常用方法。

你瞧，他们发现了氨基酸。

但NASA的人并没有因此兴奋过头，他们继续探索。他们开始分出左旋氨基酸和右旋氨基酸，结果发现左旋氨基酸要远远多于右旋氨基酸。[13]如果这一结果属实，那就说明地球上过量的左旋氨基酸可能来自遥远的星系，也可能意味占据宇宙一隅的地球有点偏左。

让我来告诉你一个营养保健品产业不想让你知道的秘密，由于分子结构的左右手性因素，有些你购买并服用的维生素对你的身体是弊大于利的。维生素E就是其中一种。你可能知道它是一种重要的抗氧化剂。1922年，它被称为生育酚，在希腊语里的意思是“生孩子”，因为那个时候我们对它唯一的了解就是，如果老鼠缺少该维生素就会不孕。

我们吃的很多食物中都含有维生素E，包括多叶类蔬菜。是的，它还能保护细胞膜不受化学氧化，就像对汽车底部做防锈处理，以避免天气和盐分带来的损害。但它的作用还不仅止于此。我们还了解到，维生素E可以大大改变某些基因的表达，包括控制每天要进行百万次来支持生命的细胞分裂的基因。[14]

保健品中的维生素E是从哪儿来的呢？与大多数保健商品一样，维生素E是在化工厂里人工合成的。

维生素E有8种不同的结构（异构物）。在保健品里，通常以α－

生育醇的形式存在。这几十年来我们知道，如果摄入过多 α－生育醇，它会影响食物中含有的 γ－生育醇的吸收。[15] 也就是说，服用合成维生素 E 会抵消食物中含有的天然维生素 E。

因此，我或许应该建议你丢掉这种小胶囊和卡通形状的药片，改吃富含维生素 E 的自然食物，比如坚果、杏、菠菜和芋头。大自然通常可以很好地判断我们身体到底需要哪种维生素 E。

通过合理饮食来摄取维生素还有另一个好处：可以防止我们过量摄入维生素。

此时此刻，我想无须提醒你就应该知道，基因类型影响体内的维生素新陈代谢。最近的一项研究发现了 3 种可以影响身体处理合成维生素 E 的遗传变异。[16]

但是对于大多数人来说，关键在于平稳，身体、生命甚至宇宙的平衡依赖于适量的不平衡。

这样来看，基因帮助我们确定了偏侧性。生命和大脑的正常发育，都依赖于这种协调的偏侧化平衡。如果相关基因不能恰当地行使其功能，我们整个身体，从脾脏到指尖，都会处于混乱之中。

第8章　我们都是X战警

夏尔巴人，吞剑表演者和有遗传优势的运动员的启示

在富士山顶上有一台可口可乐售卖机。

这是我所能忆起的我在日本境内最高山顶上的全部。

不幸的是，攀登过程中的经历倒充斥着我的记忆。我是在傍晚时分开始攀登这日出胜地的。爬到山顶一般需要6个小时，如果在晚上爬的话（就像我一样，想在山顶有更充裕的时间欣赏日出），则需要更长时间。

但是我年轻力壮，自信会在这座宏伟美丽的火山上把别人都抛在后头。我计划在沿途拥挤的山间休憩站吃一碗热气腾腾的乌冬面，或许再打个盹儿，然后继续爬山，争取早点抵达山顶，留下圆满记忆。

天哪，看来我是个妄想狂。

抵达要休息的小屋还是容易的，尽管比我预期的多花了些时间。但是随着山越来越高，我也越爬越慢。我的腿并不累，可是脑袋不听使唤了。登山前一晚，我确实整整睡了8小时，但可能是对这次期待已久的登山过于兴奋了，这觉睡得时断时续的。

是的，我想，一定是这个原因。

尽管如此，我决定还是要在破晓之前到达山顶。我放弃了小憩的打算，只是啧啧有味地吞下一碗乌冬面，给我的金属保温杯装满绿茶，就上路了。

可是，这空手道大师般的山，给了我沉重的打击。

在之后的山路上，我不断与雨、雨夹雪，甚至冰雹抗争着。但在那时，天气还不算是最大的问题。

我的头快要爆炸了。我感到恶心、眩晕。世界都仿佛在转。想象一下你经历过的最糟糕的宿醉吧——绝不会比这更糟。我弓着身子待在路边，再也爬不动了，更完全不知道接下来该怎么办。

我的思维拒绝运转了。

后来，是一位上了年纪的日本妇人解救了我。几小时前，我在山脚下初次见到她，那时她正要穿上一身码子偏大的防寒服，请我帮忙扶她一下。她还骄傲地指着自己两侧的髋骨和左侧的膝盖，告诉我她最近“升级”了，植入了不锈钢与钛合金的人工关节。当时我据此断定她连半山腰都到不了呢。说实话，由于这恶劣的天气和登山的难度，我着实为她担心了一下。

但是现在呢，这位年近90岁的老妇人却在帮助我——她拄着两根手杖，从容地从山的一侧蹒跚上来。她停下，接过我的包并把我扶了起来。

我着实觉得不会有比这更丢人的了。但是我错了。接下来的事情，不仅让我自己，甚至也让周围的人感到同样的惊慌失措：我充分体会了人类究竟可以产生多少肠胃胀气。

是的，富士山一路，我一直在放屁！

我听说过低压缺氧，一种因为大气压强降低导致的缺氧现象。但是在那晚之前，我从未经历过，而且我的思维在那种状况下也不可能意识到，满腹胀气、头晕眼花、意识模糊和筋疲力尽，其实不过都是高原反应的产物。

但为什么这些现象只发生在我身上，而那位心地善良的老妇人却安然无恙呢？为什么她能够背着我们俩人的包，一路闲聊，偶尔还会回过头，给我以灿烂且令人欣慰的笑容，而我能做的仅仅只是拼了命地跟上她的脚步？

原来，我的基因使我比大多数人更容易产生高原反应。我所继承的基因在爬富士山这件事上，非但无助于我，反而拖了后腿。

如果我有点像夏尔巴人就好了。

几乎所有文明都有一段关于人们是如何迁徙到今天的居住地的传说。这些起源故事通常与长途跋涉有关。可能是跨越了咆哮的大海，穿越了贫瘠的沙漠，抑或是翻越了崎岖的山脉。

迁徙都是有原因的。目前，尽管我们可能觉得语言、文化和政治会让彼此有所不同，但是人类共同的历史都出于一个行动——寻找更肥沃的牧场或更富饶的海域。随着人类的迁徙，基因也在随之改变。可以说，我们都是基因移民。

最近，借助于基因图谱的发展，我们逐渐能够科学地探索人类起源的奥秘，但仍有许多需要完善的理论，以及有待发掘的历史。[1]

令我最感兴趣的是关于夏尔巴人的那段历史。据说，他们500多年前从青藏高原的某个地方来到了喜马拉雅山脉附近，居住在距离神圣的珠穆朗玛峰最近的地方。[2]

珠穆朗玛峰在尼泊尔语里，也被称为艾佛勒斯峰。

居住在这座被夏尔巴人称之为世界之母的山峰旁，他们所面临的最严重的问题是，人类在这个星球上赖以生存的物质在这里极度缺乏。夏尔巴人最古老的藏式村落庞波切村（Pangboche），位于海拔13 000多英尺（约3963米）的地方，这是比许多人出现高原反应还要再高一英里（约1609米）的地方。

就我个人而言，绝没有近期造访那里的打算。

那么，在这样的海拔高度，大多数人会出现什么反应呢？对于那些爬得非常缓慢的人来说，也许只是感到有点头疼、疲劳、恶心，或者还会有些亢奋。[3]

但大多数情况是，如果没有遗传到适应高海拔生活的特殊基因，人们就会和我一样产生严重的反应。然而就算没有这种特殊基因帮助适应，也还是有一些方法可以减轻高原反应的。比如，在登山的时候放慢速度，好让你的基因组能够通过基因表达来帮助你调整适应。

或者你可以借助一些药物——处方药或非处方药。一些南美土著部落认为咀嚼古柯叶可以缓解高原反应的症状。据说咖啡因也有类似的作用。[4]怪不得当时在富士山顶，那听可口可乐会让我觉得如此可口呢。当时我还想这花了10美元买的可乐，当然要能“提神醒脑”了。[5]

一般来说，如果我们在高海拔地区停留足够长的一段时间，我们的基因就开始有表达上的细微调整，以促使我们的肾脏细胞产生更多促红细胞生成素（EPO）。这种荷尔蒙能刺激我们的骨髓生成更多的红细胞，同时还能延长现有红细胞的寿命。

人体近一半的血细胞是红细胞，男人的比例比女人的略高。红细胞就像吸收氧气的小海绵，数量越多，就越能更好地吸收和运送我们生存必需的氧气。所以当你身处的海拔越高，氧气越稀薄，你所需要的红细胞也就越多。我们的身体会感受到这些变化，并促使基因调整其表达来适应这些变化。

当你需要更多的促红细胞生成素时，你的身体会调整相应的基因表达，以增加EPO的数量。然而，一切都是有代价的，EPO就要像华盛顿的那些说客一样说服国会议员们，在身体缺氧时给予更多的财政支持，好生成更多的红细胞。也正如在华盛顿，一个项目的资金增加了，通常另一个项目的资金就会减少。这种生物货币和美元类似——也和所有形式的资本支出类似，总会有些不可预见的成本。

假如在EPO身上投入更多的基因费用——使你获得大量的红细胞——而另一项生物成本就是你的血液会变浓稠。像高黏度的机油一样，浓稠的血液在身体里流淌的速度慢，当然，也就更容易产生结块。

只要血液不是长期的过于浓稠，那超出的一点点EPO，刚好能满足身体对增加含氧量需求。正如缺氧会使你感到昏昏欲睡一样，多余的氧气会让你感到精力充沛，斗志昂扬。所以人工合成的EPO对于那些肾衰竭和贫血的人来说无比珍贵，因为他们的身体无法生成足够的EPO。

另外，对于许多需要耐力的职业运动员来说，人工合成的EPO（属违禁药）也是个宝贝，至少在可以被检测出来之前是。那些承认或者被检测出来使用了人工合成EPO的运动员有兰斯·阿姆斯特朗，职业自行车冠军大卫·米勒，还有三项全能运动员妮娜·卡夫。

但并不是每个人都需要使用人工合成EPO来增加竞争优势。比如艾罗·门蒂兰塔，这位传奇的芬兰越野滑雪运动员在20世纪60年代获得了7块奥运会奖牌，这是他患有先天性红细胞增多症（primary familial and congenital polycythemia，PFCP）带来的影响，也就是说他天生就有较多的红细胞在动静脉间流动，所以他在有氧运动比赛中就有先天的遗传优势。

那么就会有个问题：如果有些人具有先天的遗传优势，例如比常人高的血氧含量，那么其他人尝试提高血液携氧量就有失公平了吗？

先声明一点，我不是在支持使用违禁药。但是随着进一步了解基因遗传对人类生活的影响，我们更要面对这样的现实：有些人天生就遗传了这种“违禁药”。

如果要把门蒂兰塔在奥运会取得的辉煌归功于他遗传到的基因，未免有些荒谬。即便对于这种有天生优势的运动员，达到国际竞赛水平的训练仍是异常艰苦的。但就像大鲨鱼奥尼尔7.1英尺（约2.2米）的大个子、奥运游泳冠军迈克尔·菲尔普斯非同寻常的长臂大脚一样，如果说门蒂兰塔这种独特的基因遗传不是他成功的一个因素也未免有些牵强。

由于人体形态的不同，摔跤选手和拳击选手会按照体重分等级进行比赛。赛车选手会被要求在比赛中使用性能大致相同的赛车。当然，因为通常成年男人比女人在身高、体重和力量方面具有先天的优势，所以绝大多数的专业比赛都是男女分开进行的。这样看来，以上种种为了尽可能保持比赛公平性的分类方式，就难免有失偏颇了。

如果有一天，选手按照基因分类进行比赛，会让你感到匪夷所思吗？

其实，门蒂兰塔遗传的这种高心血管携氧量，只是因为他DNA中的一个字母产生了变异。这种变化发生在促红细胞生成素受体（EPOR）的遗传因子内，在核苷酸6002位置本应该是G（鸟嘌呤），但是门蒂兰塔以及他的30多个家族成员却是A（腺嘌呤）。门蒂兰塔基因组中这0.000 000 03%的变异却足够引起EPOR产生一种对EPO更加敏感的蛋白，以生成更多的红细胞。是的，在亿万种基因编码中，仅一个字母的变异就能促使血液携氧能力提升50%。[6]

我们的基因组都会有少量基因编码或者核苷酸的变异。血缘关系越近，基因组就越相似。正如我们所知，基因编码决定了身体特征，基因组越相似——比如单卵双胞胎——看上去就越相像。但是如果你跟兄弟姐妹长得一点都不像，也不能说明你们没有血缘关系。那只是因为你们可能各自继承了父母不同的基因组合。

另外，你继承的基因组已经被祖先的经历影响。比如之前谈到的乳糖不耐受症，如果你的祖先没有饲养动物来喝奶的话，那么很可惜，你恐怕就不能去享用美味的冰激凌了。然而，我们的适应能力不会就此停止改变。

再来看看那些夏尔巴人——他们遗传的独特基因，使他们承担了危险的重任，帮助来自世界各地的登山者登顶世界最高峰（高达29 029英尺——约为8848米，仅低于大型商用客机航行的高度），这带给他们文化的自豪感和经济上的必要保障。阿帕·谢尔巴，这位非常谦逊的夏尔巴人，到2013年仍是登顶珠峰次数最多的世界纪录保持者之一，其中4次没有携带氧气瓶。还是个孩子的时候，阿帕从来没有想过会登顶珠峰，但意识到自己很擅长爬山时，他就选择做登山向导来养家糊口。[7]

阿帕为何如此擅长攀登珠峰呢？要知道在1953年以前，人类从未征服过它。到底，夏尔巴人为什么会如此适应这样高海拔的环境呢？

你可能已经猜到，他们的成员中，也一定存在着某种微小的基因变异，并给他们的生活带来巨大的变化。这种变异发生在一个叫作EPAS1的基因上。但是夏尔巴人这种特殊的变异并未使身体生成更多的红细胞，反而减少了红细胞的数量，就像是在弱化EPO的生物反应。

通过刚刚谈到的传奇人物门蒂兰塔，以及他所继承的遗传基因，夏尔巴人的基因变异乍看似乎不合逻辑。如果夏尔巴人的血液如蜂蜜一般浓稠，满是携带着氧气的红细胞，那岂不能更好地适应所处的环境？

好吧，短时间内确实可以。但是要记住：这种浓稠的血液短期内可能是有帮助，但如果太长时间处于这种状况下，发生致命性中风的概率就会大大增加。夏尔巴人不是去喜马拉雅山旅游，而是常年生活在那里。所以他们需要的高氧量血液不是为了赢得滑雪或者自行车比赛，而是为了能生存下去。

夏尔巴人特殊的 EPAS1 基因结构，没有提高他们在缺氧条件下红细胞的数量，而是创造了一种供氧的稳定性，也就是说即便在大气条件不足时，仍然能够给身体运送足够的氧气。

夏尔巴人这个特殊基因变异的历史并不长。上面提到他们向珠穆朗玛迁移的时候，正是意大利航海家克里斯多弗·哥伦布从事航海事业并最终发现北美洲的时期。

实际上，夏尔巴人独特的 EPAS1 基因突变可能就是自然选择的结果，而且有些研究人员相信，这可能是有记载以来人类进化最快的一个案例。

也就是说，夏尔巴人低氧的生活环境已经迅速改变了他们的遗传基因，这些改变也正在他们的后代中延续。

你也很可能继承了一些基因的变化。不一定在 EOPR 或者 EPAS1 基因里，但很可能在那些曾帮助过你的祖先生存下来的基因里。随着我们能够确定更多基因组在染色体中的位置，也就更加了解单核苷酸多态性（在人体基因编码中仅一个字母的变化，叫作 SNPs）在全世界不同的人群中微妙且巨大的差别。对祖先的历史进行更深入的了解，反而会让我们更好地发现自身的奥妙。

当我坐在富士山顶，看着朝阳从东方的地平线徐徐升起时，简直无法相信我的脚疼得要命。上山时，我一直在全力应付着恶心和胀气，竟未发现双脚已长满水泡，又酸又痛。我喝着可乐，静静地坐了一会儿，然后脱掉靴子查看情况。在脱掉袜子之前，我还以为不会像感觉的那样严重。可事实上要糟糕得多。上山时下着雨，脚趾头泡在浸满了水的靴子里，肿得像小香肠一样。而眼下还有几小时的下山路。当我琢磨着下一步该怎么办时，我开始幻想，除了像夏尔巴人一样可以不受高原反应之苦，要是我们也感觉不到疼痛该多好啊。

从某种角度讲，生活中我们都会时不时地和各种疼痛打交道，它或许是童年的一段回忆，或许就是现在的经历。有一件事是肯定的：疼痛，尤其是长期疼痛是非常严重的事情。说出来你可能会惊讶，美国仅一年就需要花费6 350亿美元用于治疗疼痛，[8]数字之大，已超过了治疗心脏病和癌症这类疾病所需的费用。

我盯着脚趾头坐在富士山顶，知道这种疼痛其实并不严重，应该也只是暂时的（至少我希望是）。然而却有千百万人没有我这种幸运，他们长期被疼痛折磨，即使已花费数量可观的金钱，也无法治愈。

在我试图给满是血泡的双脚重新穿上那双湿袜子时，那一刻，除了缓解疼痛的方法，哪怕只有很短一会儿，我都别无他求。我幻想着如果我变成拥有超能力的漫画人物会是怎样。我知道，抱有这种幻想的不会只有我。事实上，大多数人都不会面对疼痛无动于衷。可是在这种幻想实现之前，先来认识一个叫加比·金格拉斯的12岁女孩吧。

在2001年加比刚出生不久，她的父母就发现她有点不同寻常。她有时会抓自己的脸，用手指戳自己的眼睛，头撞到婴儿床的时候也不会哭。即使在乳牙萌出的时候——这对于大多数孩子来说是非常痛苦的经历——她也完全不在意。[9]

然后，就开始了各种啃咬。很多孩子会咬他们的父母和兄弟姐妹。当然，这也是母亲们停止哺乳的一个普遍原因。但是加比不光咬他人，还会咬自己。她把舌头咬得像一块生汉堡肉饼，还会把自己的手指咬得鲜血淋漓。

看了几个月，医生才找到这个漂亮小姑娘自虐的原因：加比患有一种世界上非常罕见的遗传病，叫作先天性无痛症伴部分无汗症（congenital insensitivity to parn with partial anhidrosis）。这种遗传病会使人身体部分或者全部地失去痛感。

或许还有更多的人出生时患有这种罕见的遗传病，但是他们都活不长久——因为事实证明，人如果感觉不到疼痛将很难生存下去。

即便明白了女儿自残的原因，加比父母也没什么方法能保护好加比。还要过好几年加比才能懂事，所以在这段时期，他们只能尽量阻止她伤害自己。他们好不容易决定把加比的乳牙全部拔掉，却导致了她的恒牙提前萌出，于是这些恒牙也很快被拔掉了。

加比的右眼被她严重戳伤，医生将她上下眼皮缝合了一段时间，最终保住了这只眼睛。伤口刚刚愈合后，加比就不得不一直戴着泳镜来保护眼睛。尽管如此，她的左眼还是没能保住，最终在 3 岁那年被摘除了。

尽管没有人喜欢疼痛，但疼痛却一直在保护着我们。它帮助我们从幼稚变得成熟，通过对它的条件反射，使我们学会如何更好地做决定。“碰这个会疼吗？好吧，那我再也不碰它了。”

然而想要感知疼痛，我们的身体必须能够传递疼痛的信号。就像快马传书一样，疼痛信号依靠一种特殊的蛋白质，以闪电般的速度在细胞间传递，最终到达大脑。

通过对加比这类患者的研究发现，他们的 SCN9A 基因发生了突变，这种罕见的变化造成了天生对痛觉的不敏感。所以无痛症患者和其他人的区别也仅在于遗传了不同版本的SCN9A而已。

SCN9A及与其相关基因产生的突变所导致的一系列疾病，被统称为离子通道病（channelopathies）。在细胞的表面有类似“大门”功能的离子通道，它负责或决定离子在细胞内的进出。离子通道病指的就是此类细胞表面上的离子通道异常时出现的各种疾病。那些感受不到疼痛的人，是因为SCN9A基因生成的蛋白质停止了传送疼痛信号。就像快马传书的信差，只能在马厩里原地打转，却怎么也找不到围栏的出口。

一个来自巴基斯坦拉合尔市的男孩，就具有这样的无痛超能力。剑桥大学医学研究所的科学家们对这个男孩的研究报告进行了深入的探索，最终发现了SCN9A基因及其对疼痛信号的传递作用。这个男孩曾以在街头表演无痛超能力而谋生，就像一个人肉针垫，他在表演时会用各种尖锐的东西（未经消毒过的）插进自己的身体，还会表演吞剑和火上穿行，并且毫无一丝痛感。但每次他在用刀刺伤自己后，都要到当地医院去缝合伤口。不幸的是，当研究人员赶到拉合尔市的时候，这个男孩已经死了，就在14岁生日之前，为了给朋友们一个惊喜，他从楼顶跳了下来。研究人员在与男孩家族成员的谈话中发现，他们中有些人也同样从未感受过疼痛。进一步对他们的基因库进行研究，发现他们的一个共同特点是，SCN9A基因都发生了相同的突变。在遗传编码中，哪怕是最微小的变化都能产生令人难以置信的影响，这不禁让我肃然起敬。亿万编码中一个字母的变化，可能会使人因为轻微的压力便导致骨折，而另一个字母的变化，就让人根本感觉不到骨折的疼痛了。

SCN9A基因的发现，使得关于疼痛的研究进展非常迅速。我们还在发现更多有关疼痛的基因（已接近400种）。它们将引导我们探索一个新的方向，在不久的将来，我们能否有选择性地降低对某些长期疼痛的敏感度，关键问题是要做到有选择性，因为加比和那位拉合尔市男孩的故事告诉了我们，那些具有自我保护作用的疼痛，对于我们能否生存下去是至关重要的。

事实上，除了左右我们的疼痛，还有很多基因突变在扮演着更为重要的角色。找到这些基因突变间的内在联系，就是下一个极具挑战的课题，而我也置身其中。

在人类遗传基因组首次公开发表后，人们都在探寻与某种具体指征相关的遗传因子——而且大多都已被找到。目前，我们能够确定的有具体指征的基因突变都是单基因的，也就是说，变化只发生在单一的遗传因子上，正如拉合尔市那位感觉不到疼痛的男孩一样。而比这难得多的，是去揭秘那些成因更为复杂的疾病，例如糖尿病和高血压，这也许就会涉及不止一个遗传因子了。

这会是一个什么样的工程呢？举个例子，想象在哈利波特的霍格沃兹魔法学校里，你需要通过奇幻的移动楼梯，从宿舍走到教室，再到操场、实验室，最后到图书馆，然后再原路返回，如果你走错一步，就要从头开始。这种难度超乎想象，令人望而却步，尤其是研究的内容，通常都与生死息息相关。

今天，有关遗传学的研究不再局限于某一个遗传因子及其功能，而是关注于更好地领悟基因遗传作为一个整体的作用——当然也为了更好地了解，我们的生活经历是如何通过表观遗传来影响这复杂的遗传系统的。

更大的挑战是要弄明白，为何我们的父母及近几代祖先的生活经历，也会给我们现在的基因图谱带来影响和改变。

对个人而言，了解这些改变的意义在于帮助我们更好地做决定。比如什么事情不能做（我是再也不会爬山了），什么地方不能住（近期你也不会在科罗拉多州阿尔玛地区看到我，那里海拔10 578英尺，约合3224米），或者正如在第5章讨论的，什么东西不能吃（我仍很喜欢粗粮团子，但还是在与海平面平齐的高度吃吧）。

所有我们从基因里所继承的，也会成为独一无二的遗产。

关于富士山顶，除了那台可乐机和疼痛的双脚，我已记不起太多东西了。但是我的确记得日出时的景象。那一刻，环顾四周，看着和我共同经历着这一切的老老少少。一些人看起来像朝阳一样神采奕奕，仿佛整晚酣睡从未爬山。当然其他人也像我一样，累得几近崩溃。

太阳冲出地平线不久，我们就已经在下山的路上了。

当导游走过来示意我们下山时，我便开始整理背包，伸手在里面找双下山穿的干净袜子。我不禁想到，虽然没有夏尔巴人的基因，但成功登顶富士山这件事对我来说，就证明了人类具有超越遗传基因限制的能力。所以说，忘掉我们继承的基因，做一个超人，勇敢的面对生活吧。

第9章　偷窥你的基因组

为何烟草巨擘、保险公司、你的医生乃至恋人全都想解码你的基因

癌症相当于我们这年头的黑死病。单看这一点倒算是个成就。毕竟，我们对人类历史上堪称头号杀手的多种传染病已经很有办法了。目前，身处发达社会的人所面临的最大危险不再来自老鼠、蜱虫（也叫壁虱）、病毒、细菌，而是来自人体内部。

每年，全球死于癌症的人差不多有760万。每10人里，就会有4人在有生之年被查出某种癌症。[1]你听说过有谁家幸免于沾染癌症之苦吗？反正我是没听说过。而且我相信，人人都想过，有朝一日自己或是哪个亲友也会罹患癌症。

这可不算什么新祸患。有人类考古学家认为，埃及在位最久的女法老哈特谢苏普特可能就死于癌症导致的并发症。[2]追溯演化史到更古的时期，古生物学家从骨骼化石中找到证据，说恐龙也曾面临同样的厄运，尤其是鸭嘴龙（白垩纪晚期的草食型恐龙，采食针叶树的叶和果，而这种树是致癌的）。[3]

近年来，最能置人于死地的一种癌症是肺癌。[4]我们知道，一方面，肺癌患者中八到九成都是烟民，而另一方面，吸烟并不一

定导致肺癌。[5]

比如说乔治·伯恩斯。《雪茄爱好者》杂志的访谈是他晚年接受的几次采访之一，这位98岁的喜剧演员当时说，“想当年要是我听医生的话戒了烟，那我可就活不到出席他葬礼的那天了。”[6]伯恩斯有70年烟龄，每天抽10~15支雪茄，难道他这烟瘾却是长寿秘诀？不太可能吧。不过就我们所知，那些雪茄似乎也没让他短寿。

有人误以这类个案当证据来反对公认常识——吸烟有害健康。那肯定不能当证据用。这么说总不会错：无论是嗜烟、嗜酒还是暴饮暴食，某种恶习比较可能祸及健康（据美国国家疾病预防控制中心调查显示，烟民比普通人患肺癌的概率高15 ~ 30倍），却并不一定让人得病（只有一成烟民会得肺癌）。

不过话得说清楚，吸烟就跟玩俄罗斯轮盘一样玄，而且还很费钱。更何况，二手烟和三手烟会让别人冒更大的风险——而这别人，时常就是你最亲近的人。

那么，为什么有些终身烟民却能幸免于肺癌呢？我们还没找到什么神奇的密码，可以用它来解读基因因素、表观遗传因素、个体行为因素和周围环境因素等等诸如此类的综合作用，从而精确预测谁最有可能得肺癌。拆解这张错综复杂的网可不容易。倒有可能是基因和环境因素的某种配合降低了烟民得肺癌的概率。在人类健康这个领域里还缺乏认真的科研。没多少科学家乐意撞了厄运研究出个坏结果，让烟民们吸起烟来更加肆无忌惮。

不过，倒是有个行业十分在意这方面的科学研究，这就是烟草巨擘。

早至20世纪20年代，诚实的科学家们就知道，吸烟和肺癌之间可能存在相关性。说真的，不管谁，自己好好想想就能明白，叼上这么一支点着的烟，裹在外面的纸浸透了化学制品，塞在里面的有烟草、催化剂、杀虫剂，还有天知道别的什么玩意儿，这可不太像是烟草公司时或宣扬的灵丹妙药啊。

可是，其后30年，人们都很不在意吸烟对健康的危害。

然后，罗伊·诺尔登场。这位纽约老作家在默默无闻的《基督教先锋报》1952年10月号上首发了吸烟有害健康的医学报道，却没得到多少关注。可是，几个月后，风靡全球的《读者文摘》杂志摘录了这篇报道，就像是打开了泄洪闸。[7]随后几年里，美国的报章杂志纷纷口诛笔伐，直指烟草关涉“原发性支气管癌”，这是那时对肺癌的叫法。[8]

这类报道大行其道的一个原因是医学方面的科研越来越复杂而定量化，今天我们会觉得定量化研究司空见惯，可在20世纪50年代还是挺罕见的。这种研究方法堪称科学的胜利，却诞生于人性的失败：长达半个世纪的世界大战，人们见识过核武器首爆、地毯式轰炸、先进的生化武器，都很会核算和分析死亡数据了。烟草业突然遭遇舆论围剿最先见证了人们开始真正铸剑为犁，以定量化的武器应用于医学研究。从历史着眼，它也是恰逢其时，因为在第二次世界大战之后，前所未见的大笔经费纷纷投入医学研究。

但烟草巨擘的反击也颇为迅捷。当时美国成年人有四成是烟民，平均每个烟民每年消费10 500支香烟。粗算一下，每年香烟的消费总量是惊人的5000亿支。[9]

烟草巨擘这是在杀人。他们还有帮手。那时候，每卖出一包烟，美国政府就有7美分落入囊中，[10] 攒上一年就变成了15亿美元——折合现在的130亿美元。这还没算烟民们提供的就业机会养活了弗吉尼亚、肯塔基和北卡罗来纳这些烟草大州。[11]

负面报道势如洪水，烟草巨擘也得装着有所举措。14家烟草公司的头头联名在全国400余份报纸上刊登整版广告，名为《致烟民的坦诚声明》。在声明中，他们大胆宣称，新近将吸烟与疾病挂钩的研究“在癌症研究领域里还不算是最终结论”。

烟草老板还在声明里说：“我们深信，我们的产品无害于健康。300多年来，烟草给人慰藉、让人放松、供人享受。批评的声音从来都会隔三岔五就听见，把人体每一种疾病都归咎于烟草。这些指控无凭无据，因此接二连三都被推翻了。”

但就在这同一篇广告里，烟草巨擘的头头们也承诺要大张旗鼓正面应对——尽管他们的立场是要公开质疑前述研究结论。他们要办一家独立科研机构，即“烟草协会研究委员会”，负责评估最新研究报告，并进行自主研究，以求彻底了解吸烟对健康的影响。

然而，也许不出意料的是，这家后来更名为“烟草研究理事会”的机构根本就不是独立的——它的真正使命卑劣至极。其后数十年里，该机构的研究人员收集了数以千计的科学论文和简报，从中搜求矛盾的说法和反面效果的案例。然后，他们用这些资料精心炮制营销信息，对抗法令法规的设立，并继续诱使人们怀疑吸烟有害论。

混淆视听的领军人物是遗传学家克拉伦斯·库克·利特尔（Clarence Cook Little）。他在孟德尔遗传学方面的学术研究在第一次世界大战之前影响颇广，而且他的履历丰富，其中还包括缅因大学校长、密歇根大学校长这些难得的职位，甚至还有比较容易引起争议的两个职位，即美国节育联盟主席和美国优生学协会主席。

但在利特尔的一长串履历里，真正勾得烟草公司垂涎三尺的是，他在美国癌症控制协会担任常务董事，这家机构就是今天的美国癌症协会的前身。

1955年，爱德华 –R. 默罗的电视节目《现在请看》请利特尔做过嘉宾，主持人问他，香烟里有没有确认哪种致癌物质。

他答道："没有。"接着他又以满口浓重的新英格兰腔说，"不管是在香烟里还是在其他任何烟草制品里都没这类东西。"[12]

他本无心说成一句妙语，但在过去半个世纪里，利特尔咬着一只看上去好像没点燃的烟斗说出这句话的电视画面被一再播放，时时逗人发笑。

不过，利特尔对特氟龙的全面评价略有微妙的不同。接下来他在节目里说："这事有点儿意思，因为焦油里有多种已知的致癌物质，而且我确信这一领域的研究还会继续。人们肯定会在所有物质里探寻致癌成分。"

所以说，香烟并不致癌，但吸烟产生的那些总归要黏在肺里的焦油致癌对吗？若不是利特尔已经舒舒服服坐进了烟草公司的夹袋，他满可以拿政客当个第二职业的。乔治·奥威尔曾说，如此巧妙的闪烁其词"用意就是要让谎言听起来可信，让谋杀看上去可敬"。

尽管利特尔可能是在规避事实，他却没撒谎。不管怎么说，严格说来他是没撒谎。因为当时毕竟多数研究都是在寻求吸烟行为本身和肺癌之间有何直接而特定的关联，要想追究良性细胞何以恶变，需要复杂的研究工具，还要等好多年才能有呢。

不过我们倒是觉得，那天晚上利特尔说的其他几句话更有趣——那些话可能算条线索，能预示未来不单烟草业，还有所有会致病的产品的制造商会干什么事。

他继续说："我们很想找出哪种人是重度烟民，哪种不是。不是人人都做烟民的。不是个个烟民都算烟鬼的。人的身上是什么在起决定作用？大量吸烟的人属另外一种神经类型吗？是某人对紧张和压力的反应不同吗？因为很显然，某些人就是不像别人能应付得当。”

很想找出以上问题的答案？烟草巨擘当然很想。而且至今依然很想。如果烟草工业能确知某些人为什么容易变成烟鬼——因而容易生病——那它就能转嫁骂名，争辩说烟鬼的真正问题是他的遗传因素，而不是烟草本身。

如果你还没听软饮料制造商和垃圾食品制造商扯过差不多的一套话，洗干净耳朵等着吧，马上就能听到了。下次再有谁起诉快餐连锁店让人增肥（2010年，巴西就有个麦当劳连锁店的经理起诉麦当劳的案子），可以肯定，原告的基因组（还有他的细菌群落）一定会在被告的专家证人之列。

因为到了推脱责任的关头，大公司历来都像《教父》里桑尼·柯里昂说的那样，“我们决一死战……”

想看证据？只要看看BNSF——伯灵顿北圣达菲铁路公司。

我们的身体本不该这么用。

我们是活跃的动物，或者说以前是。远古时期，人类的体能稍微更强大一点，能够突袭小猎物、攀爬岩石、泅渡河流、奔逃躲避剑齿虎。[13]

可是自从工业革命以来——特别是自从数字革命以来——两大变化出现了：我们久坐不动，我们的生活无限重复。

只在最近几个世纪里，我们才让自己的身体成千上万次重复动作，因而蒙受各种各样的肢体之痛。从腕管综合征到腰痛，我们的关节和躯体在付出代价。

我们对重复性劳损的认知要归功于职业病治疗之父，意大利医生贝纳迪诺·拉马奇尼（Bernardino Ramazzini）。他的著作《工人的疾病》于1700年在意大利摩德纳出版，至今公共卫生的从业者仍在引用这本书的内容。

18世纪的一名意大利医生对21世纪的办公室生活能有什么可说的呢？好吧，咱们来拜读一下《工人的疾病》：

> 折磨文员的疾病有3个病因：第一，久坐不起；第二，手部不断做同样的动作；第三，精神紧张，生怕不小心弄脏了文书，或是在数字运算中出了错，害老板赔钱……不停挥笔引起肌肉和筋腱持续紧张，导致手和胳膊强烈疲乏，久而久之，右手就没劲儿了……[14]

对呀，他都说到点儿上了，简洁地描述了如今我们所说的重复性劳损。

拉马奇尼300年前就认识到，一直重复做同一件事情对人是有害的。

这就让我们回头再看BNSF铁路公司。这家公司1849年成立于美国中西部，现在发展出北美最长的货运线之一，铁道穿越美国28个州和加拿大的两个省。

保持列车运行差不多需要40 000名工人。你能想象得到，在铁路上工作很辛苦。所以毫不出奇，BNSF偶尔会有员工因为工伤请假。当然，BNSF这样的雇主因此所花费的可不少，这就迫使公司管理层想办法降低成本。

本来可用的一着儿好棋是更有意识地提高职工的健康标准。他们没这么做。还可以用的一着儿是切实鼓励所有工人增加定时假期或轮休，少做重复性的危险动作。他们也没这么做。

相反，他们追究雇员的基因去了。[15]

你知道，BNSF管理层里有些人开始对遗传学感兴趣，其显著原因是觉察到DNA可能是个要害，决定了某人的手和手指会不会更容易觉得麻木、无力和刺痛，也就是我们所定义的腕管综合征（carpal tunnel syndrome）。[16] 据美国公平就业机会委员会声称，因腕管综合征而申请工伤赔付的BNSF雇员很快就被要求抽血。随后，在没有告知这些雇员也未获同意的情况下，这些血液样本有可能被用于基因测试，以显示某雇员的手腕是不是天生就容易疼痛受伤。

据称，由于担心一旦拒绝此项测试就会失业，大多数工人同意抽血。不过至少有一名工人决心还击。美国公平就业机会委员会代表雇员立场，指控这项测试违反了《美国残疾人法案》，最后BNSF拿出220万美元达成和解。

这件事发生在21世纪初。如今，美国联邦法律保护个人在工作地点不受基因歧视。《遗传信息无歧视法案》（GINA）的设立，就是为了保护人们在就业和医保的相关环节不受基因歧视。这项法案在2008年由乔治-W.布什总统签署生效，被誉为努力预见并防止由基因测试导致歧视的重要里程碑，有人称之为“反变种法”（据传言，有些政客看了1997年描写以基因划定阶层的科幻电影《变种异煞》，颇为动容，于是支持这项法案）。

可是不幸的是，GINA在涉及人寿险和残疾险的时候却无法保护个人不受歧视。这就是说，如果你遗传了某种基因突变，比如关联家族性乳腺癌的BRCA1，它的作用可能是缩短你的寿命或者让你更容易有残疾，那么你的保险公司可以合法向你收取更高的保费，或者直接否决你这类申保。正是因此，每当我的病人要接受任何实名制基因检测或排序，我总是建议他们先好好想清楚，这会给自己或家人带来怎样的后果。因为得出的检测结果一方面可能对你的健康至关重要，另一方面也可能在投保人寿险和残疾险的时候成为不合格因素，殃及你本人、你的近亲以及你全部的后代。

从儿科到老年医学，基因检测和排序在医疗保健各方面的运用日益常见，于是我们手里会有更多信息，可以把我们独特的基因遗传与特有的健康风险联系起来。

奥巴马医保方案的目的是让多数美国人更容易得到医疗保健，但它也可能无意中让人蒙受基因歧视。多亏 GINA 故意留下的明显漏洞，保险公司可以自由支配那些基因信息来针对我们，用以决定他们打算为残疾险和人寿险收取我们多少保费。

还有更吓人的。眼下，一个潜在的保险提供方，或者类似身份的任何什么人，并不需要接触到你的任何一个细胞，就能大量获取有关你的基因遗传的信息。

像我本人这样的科学家，通常会与其他研究人员分享基因和测序的数据，不过会事先删掉个人信息，比如人名和社安号码。我们大多数人一向认为这等隐私条款相对可靠，但在哈佛、麻省理工、贝勒大学和特拉维夫大学的生物医学专家、伦理学家和计算机学家组成的精锐团队看来，这些数据却是黑客攻击的潜在目标。

把一小段貌似匿名的基因信息放上娱乐性的家谱网（这种网站的用户日益重视基因信息，借以追寻失联已久的家庭成员），研究者就可以轻易辨认出匿名病人的家族。只要稍微再多加一点点在共享样本里普遍包含的数据——比如说年龄和居住地——他们就能精确判定许多人的身份。[17]

反过来也行得通。你家有人得过癌症还活着吗？他们开不开博客？上不上脸书？用不用推特？社交媒体不仅是与亲人保持联络的一个好办法——它也是基因网络侦探能用得着的一个非常深入而丰富的信息来源。已经有超出1/3的雇主承认，他们利用从像脸书这类社交媒体上得来的信息，从求职大军里筛掉一些人。[18] 美国由雇主负担的医保成本已经涨到天价，于是各个公司可能就觉得有了正当的理由，可以通过社交媒体了解对方健康状况，在雇用员工时用作保密的常规手段。

知道了你的姓名，再加上网上公开可查的上百万家谱记录，一个好奇心强又足智多谋的人就可能彻底查清你，甚至比你自己都更清楚，这人也许是想雇你，也许是想跟你约会，也许是想跟你结婚。[19] 要是你恰巧就是那个好奇心强又足智多谋的人，有本事神不知鬼不觉轻易获取某人的基因信息，那你会走多远呢？我要问的是：你愿意偷窥某人的基因组吗？

我正要招手打车，手机振动起来，通知我来了封新电邮。发信人是我的朋友大卫，是位年轻专业人士，最近刚刚订婚。未婚妻丽莎是位时装摄影师，也住在纽约市。他们正式订婚之前几个礼拜我才有幸碰见她，在纽约 SOHO 区一家画廊为她举办的首次摄影个人展上。

大卫那晚发电邮来，问我有没有空聊天，因为他有几个关于基因测试的问题想问问我。这个领域进展神速，我的亲朋好友时常会就此类问题征询我的建议。大卫曾经提过，他期望着一旦跟丽莎结婚就马上要孩子，我猜他想要抓住机会多做几项产前基因测试。可以用这些“基因谱”来查看你和恋人在数百种基因里有没有携带基因突变。这种测试能给一对夫妇提供一帧基因快照，看看两人的基因能不能相容。我们全都带有一些隐性的基因突变。单独存在时大多数突变基本无妨，但是，万一你和恋人携带了同种突变基因，就会导致潜在的繁育基因灾难。更多夫妇是在开始备孕之前就筛查数以百计的基因。而且测试简单易行：只需要对着小药瓶吐口唾沫，投进邮筒，然后等结果就是了。

不过，考虑到我们大多数人事实上跟恋人不会携带同一位置上的基因突变，这种基因不相容通常可以避免。但是，等我终于坐进出租车，拨通了大卫的电话，我马上发现他没在琢磨产前测试的事儿。相反，他想了解一下，能不能瞒着未婚妻偷窥她的基因组。

大卫在意此事自有缘故，他的未婚妻从小被收养，近来跟生父团聚了。丽莎想邀请生父出席婚礼，所以打听到了他的下落。他们聚在咖啡馆谈天，说到她的生母已经去世，照病状看，得的很像是亨廷顿舞蹈症（Huntington's disease），这是一种遗传性神经退行性疾病。

亨廷顿舞蹈症患者的脑神经细胞会慢慢退化。亨廷顿症无法治愈，患者先是肌肉失去协调性，然后精神异常，认知能力下降，直至最后死亡。

不过事情有点棘手，大卫的未婚妻本人并不想做基因测试。

大卫说："可是，要是我能给你弄一根她的头发，或者她的牙刷什么的，那就够用了，对不对？我们可以做检查，对不对？我是说，她都没必要知道。我明白这是疯了，不过……要是我知道以后会有什么事，我应付起来也好办点儿。"

他让我帮这个忙最起码在伦理上是成问题的——在许多国家里，这根本就是犯法。[20] 我没坦白露出完全不以为然的态度一口回绝，因为那就会逼着他去另寻门路，我觉得最好是邀他出来喝一杯。大卫说他下班后还有几件事要处理，可能得来晚点儿。我们约好晚上10点见面。我盼着能弄清大卫究竟是怎么想得出做这么不靠谱的事。

那晚在曼哈顿，正值8月里一个恼人的桑拿天，大家都躲在空调房里，要不就干脆躲出城去。我下了出租车钻进酒吧时，真是庆幸能躲开那股潮热。

我在酒吧里找到两个空座位，坐下来点了杯酒。眼看着吧台招待娴熟地调出了我要的浑浊莫吉托，我想起大卫，决定给凯利打个电话。我这位朋友是个社工，非常擅长于参谋协助新诊出致命疾病的夫妻。

凯利说："因为他未婚妻的基因可能携带某种致命病症，所以你得先试着搞清他藏在心里的恐惧和期望，再搞清他们俩已经探讨到什么程度了。人都害怕流露出脆弱——特别是当着恋人的面——可他要是不跟她表明自己的忧惧，他们谁都没法诚恳探讨这事会怎么影响他们的未来和他们的关系，更没法商量接下来该怎么做。"

几分钟后，大卫走进酒吧。不出所料，他毫无兴致谈论实用的医学伦理。他只想一吐为快。

夜渐深，我想到，有时候一无所知比起了解内情来要痛苦纠结得多。跟大卫结交已久，我能清楚看出他心里很难受，更不用说也很震惊。他觉得自己想要共度今生的人在心里藏着个秘密不愿吐露。

我尽量只坐在那儿听，实在不得已时才作答，说真的，他也没问多少问题。夜更深，我听他说意外发现丽莎的生父还健在，就住在纽约上州，离他们不远。我听他说痛心地发现她的生母早逝，留下了一堆无解之谜。我听他说感到万分沮丧，因为丽莎含含糊糊的好像不情愿接受测试。

他一直叨叨着："我就是不明白，她为什么不想弄清楚？"

身处数字时代，大卫已经很了解亨廷顿症了。他了解到，其他病的起因只是某单个基因代码发生了突变，亨廷顿症却不同，它背后的遗传问题就像一张坏唱片老在跳针。神经状况恶化的患者通常携带异常的HTT基因，其中有3种核苷酸——胞嘧啶、腺嘌呤、鸟嘌呤，一再重复出现。

这类重复片段人人都携带了一些，但是如果重复次数高于40次，几乎一定会得亨廷顿症。重复数字越高，发病时间越早。如果重复数字高过60，患者发病年龄可能早至两岁。

虽然原因不明，不过许多亨廷顿症的早发患者都是遗传自父亲一方。即使是遗传自母亲一方的患者，重复数字也会逐代升高。我们把这种遗传变化称为“遗传早现”。

从聊天中我看出，大卫已经明白了不少情况，包括这种病的遗传方式。由于发病所需条件仅是携带多次重复的HTT基因，他清楚，如果丽莎的母亲得了这个病，丽莎就有五成概率遗传到亨廷顿症。如果情况属实，考虑到遗传早现的机制，她可能比母亲的发病年龄还要早。

最重要的是，他知道，如果她真得了这病，他就没法跟她白头偕老了。取而代之的是，随着病症逐渐重塑她的大脑、重组她的意识，他得观察她的个性变化。他在情感上、心智上和体力上有足够的能力，可以照顾好她的需求吗？

他说：“可我能做这件事啊，你看，我知道瞒着她去测亨廷顿症是不对的。但我只不过是想知道我们得对付的是什么情况。就是真相不明才使我难受死了。她就不能让自己去测一下吗？测试的结果不同，也许我们的生活就会完全不同……可是我猜，这个主意最终还是得她自己拿吧？”

就这样，大卫突兀地住了嘴。我结了账，热乎乎汗津津地叫了出租车回家。

真希望我能告诉大家，这个故事结局美满。

但愿我能说，他们住在布鲁克林的时髦社区一起过着幸福生活，恰好心想事成。大卫鼓足勇气再次向丽莎提起心头之患，她答应去做个测试。

我特别想告诉大家，最棒的是，丽莎查出来并没遗传到亨廷顿舞蹈症。

但是，遗传故事跟生活本身一样。有时它们无比美好，也有时极度痛苦。有时，它们只是普通平常。

事实上，大卫和丽莎没有按计划结婚。丽莎还带着大卫送的戒指，而且他们依然深深相爱——最甜蜜的相爱。大卫还在努力接受现实，就是丽莎不乐意去探查他们未来可能遇到的问题。丽莎已经接触过一位擅长帮助亨廷顿症病患家庭的顾问，不过直到写作本文的时候，她还没下定决心要不要去做筛查。

基因测试的费用不断降低，检测手段日益简化，我们将会越来越经常地面对类似情况，面对更多病症。我们将会越来越经常地面临要不要偷窥别人基因组的取舍。可我们并不总能具备恰当的伦理世故和经验，来处理这一问题所牵涉的方方面面。

安吉丽娜·朱莉知道自己胜算不大。

这位奥斯卡最佳女演员曾目睹亲生母亲跟癌症斗争多年之后去世，就算名高位重也无济于事。她希望自己能一直陪伴孩子和恋人，于是做了基因测试，查出她的BRCA1基因上有突变。

对大多数女性来说，BRCA1基因突变意味着有65%的概率罹患乳腺癌。这是因为BRCA1基因属于一类特殊基因，在功能正常的时候，能减缓一切快速的异常增生，从而抑制肿瘤生成。

而BRCA1基因的功能还不止于此。它还能协同其他基因修复受损的DNA。

迄今为止，我们反复讲到，许多行为会通过比如表观遗传学之类的机理改变我们的基因表达。不过你可能还没意识到，你的许多日常行为实际上会伤及你的 DNA。在不知不觉中，你的基因组可能已经受伤许多年了。

说真的，要是政府有个“基因保护服务部”，它可能早就把你的基因安置到别处免遭你的伤害了。

即使像短期闲散的海外度假这般看似正面的因素也会出乎意料地对人有害。你犯浑的清单可能跟下面列出的差不多：

1. 坐飞机往返美国和加勒比——是的。
2. 为晒出小麦肤色，日光浴时间过长——是的。
3. 在泳池边美美喝上两杯德贵丽鸡尾酒——是的。
4. 吸二手烟——是的。
5. 为杀臭虫使用杀虫剂——是的。
6. 使用避孕润滑剂，内含壬苯酮醚 - 9——是的。

我很抱歉地说这么做很可能毁了你最近的浪漫度假之旅。可是基因保护服务部指控你犯有上述过错，只是想要让你意识到，别拿自己的基因组不当回事。

那个清单上每一项都会毁坏你的 DNA。要是无法持续得当地修复自身基因组遭到的损害，我们就会有大麻烦。我们修复基因损伤的能力在很大程度上关系到我们继承来的“修复”基因。BRCA1 基因有成千个已知突变，如果你不巧继承了其中的一个，就得特别小心善待自己的基因。同样有趣的是，这些继承来的突变，其有害程度也各不相同。

还是回头说说安吉丽娜 · 朱莉。医生测试她的 BRCA1 基因时，告诉她说，她继承的那种基因突变让人很不放心。[21] 他们说，她有87%的概率得乳腺癌，50%的概率得子宫癌。

2013年冬春之际的3个月里，这位举世瞩目的女星效仿自己曾在银幕上扮演过的谍报角色，设法躲过了狗仔队，在加州贝佛利山的粉莲乳房中心做了一连串手术，切除了双侧乳腺。[22]

术后不久，朱莉在《纽约时报》上写道："等你醒来，乳房上插着引流管和扩展器，真觉得好像是科幻电影里的一幕。"

不久之前，这也确实还是科幻。

医生们早就在做乳腺切除手术了，但是直到不久以前，这种手术的目的只是去除疾病，而不是预防疾病。

然而，随着癌症的分子结构更为人所知，基因筛查和测试更加普及，后来就有更多女性（甚至男性）相继跟朱莉一样拿到了可怕的诊断，于是手术的目的变了。做过重要却尚不完善的筛查之后，这类女性中大约有1/3决定要做预防性的乳腺切除术。在癌症发作之前就提前切除乳腺。如此一来，她们就组成了全新的一类病人：高危预防幸存者。

高危预防幸存者已达几千人之众——几乎全是像朱莉一样做过抉择的女性。随着我们更了解遗传因素如何作用于其他各种疾病——最有可能的病症包括结肠癌、甲状腺癌、胃癌、胰腺癌——几乎可以肯定，这一人群还会扩大。

朱莉写道："癌症这个词依然让人毛骨悚然，引起深刻的不适感。"但她指出，如今只需一个简单的测试就能帮人明白自己是不是高危人群，"然后采取行动"。

医生执业的头号信条是："首先，避免造成伤害。"眼下他们又面临了由基因测试带来的全新的复杂伦理问题。说到采取行动，指的不单是乳腺切除、结肠切除、胃切除这类根除性手术。因为当然有些地方是万万切不得的。所以人们还可以选用先发制人的措施，比如更严密的监督测试、预防性用药，条件允许的情况下还应该规避有可能祸及基因的触发因素。

于是上面那个清单就可以拿来提醒你，应该注意做哪些事来保护你的遗传基因。如果你不细心关照自己的基因的话，就可能无意中导致基因的有害变化。

例行空旅时受到的辐射、日光浴时接触的紫外线、鸡尾酒里含的乙醇、吸烟时摄入的化学残留物、杀虫剂、个人养护用品里的化学物质，都会损害你的 DNA。你所选择的生活方式就决定了你对基因组的保护是个什么水平。

这就意味着，人人都需要完善知识，不仅要审视家族病史，解码自己的遗传基因，还要琢磨我们在生活中利用这些资讯能作出哪些积极正面的改变。针对每个人而言，这种积极改变所对应的行动各自不同。有的人要禁食水果，有的人可能就得切除乳腺。

同时，我们也需要认识到，加速推进的基因未来世界里，别人也会利用这些资讯。我们已经看到，所谓的“别人”会包括你的医生、保险公司、企业、政府机构，很可能还会包括你的恋人。就算我们指望能保密，在探勘自己的基因组之前也须谨记，人寿险和残疾险的投保歧视是不可避免的。

我们不仅是站在范式巨变的悬崖边，而且很多人已经跳下去了。从技术角度和基因角度看，这与每个人都密切相关，因此还会有更多人也将跳下去，不管是不是心甘情愿。

第10章　定制的孩子

潜水艇、声呐和基因复制的意外收获

1943年5月13日，星期四，一个宁静的早晨，美国商船SS *Nickeliner*号自加勒比海启程。经过改装后的商船载着3400吨易挥发物质——氨——驶向英国。氨是制造弹药的重要原料，战争期间非常短缺。这时，第二次世界大战的大西洋之役已经进入白热化阶段，要把这一货物从海上运往英国实属艰难之旅。[1]

对于*Nickeliner*号的31位船员来说，前路未卜，因为一艘由35岁的海军军官莱纳·德克森指挥的德国潜水艇从*Nickeliner*离开港口的一刻起，就一直在跟踪着它。

到了古巴马纳蒂北部6英里（约9.7千米）的地方，这艘德国潜水艇的钢制潜望镜悄悄地探出水面。德克森的鱼雷手们按部就班，小心翼翼地瞄准目标。目标锁定后，这位老练的舰长——曾击沉过10艘同盟国战舰的德国军官——下令开火。两枚德国鱼雷进入大海，螺旋桨飞快地旋转，速度越来越快。突然一声巨响，水和火被击起几十米高。*Nickeliner*号很快沉入海底，船员跳上救生筏逃命。

对另一方同盟国来说，问题简单却又非常复杂：他们需要一种方法找到潜水艇在水下的位置。

他们发现声呐可以解决这一问题。那时，声呐的英文单词全部大写 SONAR，是 sound navigation and ranging（声音导航与测距）的首字母缩写。一个大的物体就像一个大扩音器，会在水下产生脉冲，而接收器会“听到”返回的声音，据此可以大致测出目标距离。

70年后的今天，世界各地的海军仍然使用声呐技术作为反潜艇和反水雷的武器。但在过去的一些年中，我们也发现，声呐不止可以用于这些地方。如今，这一最初用来夺取生命的技术也成了把生命带到世上来的主要工具。

20世纪40年代后期，几千名声呐操作员从战场回到家乡，他们开始研究把这项技术用于其他领域。最先使用这一技术的是妇科医生，他们很快知道了医学声呐——当时就是这么叫的——可以检测妇科肿瘤和其他肿块，免去了创伤性探查手术。

而声呐真正得以广泛使用，是产科医生学会了在孕胎着床后的几个星期内用来查看胎儿和胎盘的图像。这在当时，就好像是医生有什么魔力能看到胎儿发育的不同阶段。但即使在今天，仍有很多人不明白，这些影像还可以告诉我们在胎儿发育期间基因的表达和抑制之间的微妙影响，这对人类的成长发育至关重要。[2]

利用胎儿超声波——这是现在使用的名称，医生可以先期在胚胎发育的早期阶段发现遗传问题或异常情况，这在以前只能等到产后才能发现。

在继续了解遗传对发育的影响之前，让我们回到前面，先回答这样一个问题：在第二次世界大战中击沉了 *Nickeliner* 号的德国潜艇后来怎样了？

Nickeliner 号被击沉两天后，美国巡逻飞机发现了一艘貌似是浮

出水面的U型潜水艇，随即对其进行了定位。在德国船员不顾一切地将潜艇下潜到相对安全的水域时，同盟国的一艘战舰正飞速驶向定位区域，利用新配备的声呐装置，找到德国潜水艇的水下位置。

利用声呐装置提供的水深和方向信息，巡逻机投了3枚深水炸弹。随着一声铝制易拉罐爆裂般的巨响，纳粹潜艇也沉入洋底与*Nickeliner*号做伴儿了。[3]

毫无疑问，始于探测水下潜艇位置的声呐技术，如今成了人类生育中不可缺少的手段。但人们没想到的是，该技术最初的发展是用于索取生命，经过短暂的停歇之后，它的这一作用重又在选择性索取上得到了体现。

人类为了某一目的而发明的技术往往会以惊人的方式用于其他目的。可以想象，在许多国家重男轻女的情况下，超声波的应用也引起了严重质疑。超声波检查可以在产前辨别胎儿性别，这使得那些对性别有偏向的父母可以选择生男还是生女。

超声波的应用还引发了另一后果没那么严重的潮流，势头至今依然不减。而且很有可能你也参与其中，并赞助了一把。

第二次世界大战后，美国婴幼儿服装也真正开始区分性别了，随着超声波越来越广泛地用于产前胎儿性别识别，这一潮流变得固定下来。朋友们、亲戚们和同事们可以早早地去给孩子买衣服，针对不同胎儿性别的"宝宝派对"* 也诞生了。[4]

有些人看到的是粉色和蓝色、大卡车和小猫咪、迷彩服和蕾丝边

* 宝宝派对（baby shower）：一种美国的传统聚会，给准妈妈的一场"物浴"和"灵浴"：在婴儿预产期的前一两个月内，准妈妈的女性好友将她的女朋友们、女同事们、女亲戚们召集起来，共同把祝福、忠告、礼物连同幽默洒向准妈妈，为的是帮助她做好物质和精神上的双重准备。——译者注

的区别，我看到的却是世界上首个广泛可见的产前基因检测的文化影响。毕竟，在过去100年的大部分时间里，我们基本都同意男女在染色体上的不同是男性有一条 Y 染色体，而女性没有。使用产前超声波检测后，我们可以看到胎儿所继承的 DNA 图像，而不再是原先那种模糊的照片。

利用超声波，我们可以在怀孕约4个月时知道胎儿是男是女，不过现在有体外受精技术，可以在胚胎植入前选择性别，不需要等待。因此，如果出现越来越多这样的医学技术，而没有辅之以在社会和教育层面倡导男女一样重要，情况只会变得更糟。

并且，通过基本的基因检测在怀孕前或怀孕早期获得的大量信息，能告诉我们的当然不仅仅是性别。我猜，那是想表明性别是一件很简单的事。但并非如此。

男孩还是女孩？当你听说有人生了小孩后，这通常是你问的第一个问题，对吗？而且，多数时候，答案很明确，要么男孩要么女孩。

性别取决于很多因素，但是当孩子从妈妈肚子里出来的一瞬间，能够看出性别的就是那个外部构造。就像一个早熟的5岁小孩对施瓦辛格在《幼儿园警察》中的角色所说的：“男孩有小鸡鸡，女孩有小洞洞。”

事情并不总是如此。现在我们用术语“性发育异常”（disorders of sex development，DSD），来描述那些生殖器官发育不同于常人的孩子和成人。

这一异常发育导致的结果是外部性征不明确，比如，阴蒂大得像阴茎，或是阴唇长在了一起，看起来就像是阴囊。对医生来说，有关社会心理学对性的认知一直在不断变化，真是很难时刻跟上这种变化。我们现在知道身体性别特征的发育也同样反映了此种多样的变化。因此，传统的经典理论“XY染色体是男性，XX染色体是女性”就基本过时了。

在一个仍由性别决定很多东西的世界——名字、人称代词、衣服样式、公共卫生间，性别模糊会带来很多难堪和慌乱，特别是当一个婴儿的性别不明确时。

因此，性别模糊不仅是父母关心的问题，也是一种需要医学干预的紧急情况，像我这样的医生就经常不分昼夜地被呼叫去会诊这样的问题。

让我来告诉你，当一个孩子生下来被认为患有DSD会发生什么情况。由于这是一个严重的社会心理问题，我们通常会放下手中不那么紧急的事情，前去会见病人家属以及照料这些宝贝小病人的医疗团队。

一到那儿，我们会尽可能地从父母那里搜集新生儿的家族信息，包括兄弟姐妹、侄子侄女、姑姑叔叔、祖父母以及其他有遗传关系的人。在这个过程中，我们会询问很多问题。这些亲戚健康吗？家族中有没有频繁流产的历史或者有没有严重学习障碍的孩子？家族内部有没有近亲结婚？

这些问题不仅提供给我们有价值的遗传信息，还能提醒所有与此有关的人，这个小宝贝植根于一个更大的家庭，是这个家庭的一部分。更重要的是，这不单纯是一个医学问题。

下面我们将进行一项身体检查，该检查与我们在第1章中讨论的畸形学一样，但是更为详尽。我们用平常挂在脖子上、在手指间捻来捻去的医院专用皮尺来测量婴儿的头围、眼距、瞳距，人中的长度，也测量四肢和手、脚，以及阴蒂、阴茎的长度，并查看肛门位置是否正常。有时候，甚至婴儿乳头之间的距离都能为我们了解婴儿的基因组提供很有价值的信息。最为重要的是，对于 DSD 患者，我们需要判断患者整个身体是否存在畸形。

看我们做这些检测的人经常会取笑说，比起寻找最细微异常的大夫，我们更像是为婴儿做定制服装的裁缝在测量。

所有人都有某些方面的异常。从临床角度来说，重要的是这些或大或小的异常是否和谐。

一个非常小的特征会给你带来完全不一样的诊断方向。在后面你将会看到，极小的细节也能完全改变我们看待世界的方式。

他怎么看都很漂亮。安静地睡在婴儿车里的伊桑，看起来跟其他所有可爱的婴儿没什么两样。[5]

每个人的成长历程都是独一无二的，但大多数人又享有着类似的经历。这一历程同时受环境和基因的影响，总是从一个美丽得让人惊叹的小婴儿开始，娇小而脆弱，又具备各种潜能。

眼前睡着的婴儿即是如此。不过当时我并不知道，他跟我见过的其他孩子有很大不同。确切地说，他跟世上出生的所有孩子都不一样。

很重要的一点是，还在妈妈肚子里时，伊桑的超声波检查全部正常。几个月前，当他妈妈想知道是个男孩还是女孩时，挥舞着“魔杖”在她涂抹着蓝色超声波耦合剂的大肚皮上滑动着的产科医生，又特别在胎儿的两腿间探测了一番。

“是男孩，”她说。

从外表上来看，医生是对的。

伊桑出生时，确实有一个潜在但并非完全异常的特征。大多数男孩的尿道口（也就是撒尿的地方）靠近龟头中心，但是伊桑有小儿尿道下裂症（hypospadias），也就是说他的尿道口不在应该在的地方，而更靠近阴囊。

大概135个男孩里面会有一个有不同程度的尿道下裂症，也就是尿道口靠下接近阴囊，有不同程度的下裂，但一般可治愈。[6] 大多数病例的矫正相当于美容整形，虽然有时做手术意味着需要牺牲一些包皮用于修复缺损。有的父母觉得小小的异常用不着做手术。但是一些情况比较严重的——男孩不能站着小便而必须蹲着的话，手术还是必要的，这里有社会心理因素。

只要小便不堵塞，一般就不用那么急着做手术。所以，在伊桑出生后的几分钟之内，这一问题一经发现他的父母就知道了，医生又给出建议让他们拿主意。在做了初生儿的所有常规检查之后，带着不必担忧、可以在随后几个月内就伊桑的尿道下裂与外科医生约定会诊的建议，他们便回家了。

但伊桑的父母还是担心，特别是几个月过去后，伊桑的身高和体重都在发育滞后一列。他们想知道如何才能让他的发育赶上同龄儿童。结果，最初对增长的常规检查预约却很快引发了更大的谜团。

由于伊桑还小，而且发育状况还算良好，医生决定给他做一个普通的染色体组型的基因测试。医生提取了伊桑的骨髓，放进培养皿里促其生长，然后用特殊染色法来增加染色体的清晰度。

问题这才变得明朗：伊桑与其他男孩的确不同。一般男性都从父亲那里遗传一个Y染色体。尽管罕见，但也不是没听说过的就是一个孩子，在基因上是女孩特征，却遗传了决定性别的Y染色体的一小部分（这部分包含了一个叫作SRY的区域），因此会发育成男孩。一旦如此，孩子的整个一生的发育会越来越倾向于男性而非女性。

为了找到这一小部分SRY，我们对伊桑做了荧光原位杂交（fluorescence in situ hybridization，FISH）测试。该检查利用的是分子探针只能与染色体某部分互补的特性。

根据惯例，我们预期在伊桑身上看到的 FISH 对 SRY 区域的检测应该呈阳性。但我们错了。事实是，伊桑不仅没有从父亲那里继承来一条 Y 染色体，甚至连一丁点儿踪迹都没有。这在遗传学上无法解释。到底是什么让伊桑成了一个男孩呢？

根据放在我桌子上的遗传学教科书，他真的应该是一个女孩。

“是个男孩！”这是伊桑的父母，约翰和梅丽莎都渴望听到的。当真的听到时，他们高兴坏了。

他们的亲戚也是如此，特别是约翰的父母——从中国来的第一代移民，当他们知道梅丽莎怀了男孩时特别高兴。

可能是过于心切，梅丽莎每天至少接到约翰母亲的一次电话，询问她的健康状况，并且按照他们的家族传统，告诉她应该做什么，或不该做什么，以及该想些什么、吃些什么。他们给梅丽莎列出来的禁食之物包括两项她的最爱：西瓜和芒果。

这还不够。他们还要梅丽莎避免把一些尖利物品放在床上，如刀子或剪子，因为这不仅是怕她不小心伤到自己，还因为约翰的母亲从小就被教导说这样做晦气，会招来厄运，让生下的孩子有“豁嘴”，也就是我们今天说的唇腭裂。

梅丽莎不迷信，但为了避免不必要的家庭矛盾，她还是尽最大努力照做了。但只有一处，她觉得可以越界——至少暗地里。随着孕份的增长，梅丽莎越来越馋西瓜。她觉得只要在公婆来的时候把绿瓜皮和黑瓜子藏好，就不会有什么问题。但有一次婆婆突然“主动”去倒垃圾，发现了垃圾袋底部有绿色瓜皮和鲜艳的西瓜汁，一场大战因而产生。无论说什么，梅丽莎也不能消减婆婆的怒气。最后，她向婆婆道歉，许诺远离这些“水果杀手”，直到孩子出生后的一段时期，但心里却暗想下次一定要更加小心，不能留下蛛丝马迹。

尽管梅丽莎知道婆婆的恐惧都是荒诞的，但当我告诉她孩子的基因异常时，她还是禁不住想婆婆的迷信也许是对的。我从没有听说过西瓜会对胎儿不利，不过她的焦虑却完全正常。

每当孩子有基因问题时，我听到父母的首个问题往往是：“医生，是不是我哪里做的不当造成的？”

在这种情况下，我有义务帮助家长摆脱这种不必要的负罪感。所以，不要去追究“做错了什么”，我尽力将讨论围绕于这种疾病已有的科学解释。

当然，这要求我得知道是怎么回事。但对于伊桑的情况，起初，我确实没有一点儿线索。

最早提出的一种可能性是，伊桑得了先天性肾上腺皮质增生症（congenital adrenal hyperplasia，CAH），这是一种可以让女性长得非常像男性的遗传病（由一小部分基因引起）。CAH 患者自身不能产生足够的肾上腺皮质醇，而当身体缺少这种激素时，肾上腺就会受到刺激去产生这种物质。问题在于，获得它的同时，这一过程也会产生更多性激素。

在某些 CAH 病例中，一种叫 CYP21A 的基因型会使女孩或年轻女性生痤疮、体毛过多以及阴核过大——出生时就像男性的阴茎一样。所以，CAH 是引起性器官不明的主要原因之一，会让刚出生的女婴看起来像男婴。

由该基因引起的雄性激素过多也会干扰正常的排卵期，使一些女性无法受孕。大概每30个北欧犹太女性，每50个西班牙女性里有一人会遗传引发 CAH 的基因，还有一些种族群体比例更低一些，但他们大多自己都不知道。[7]

不需要基因检测，只要进行简单的血液化验就可以知道某位女性是否患有 CAH，但这种检测不常做。因此，很多女性不知道自己的不孕是遗传疾病，用地塞米松就可以治愈，却花了大量金钱接受无效的不孕治疗。

那伊桑到底是怎么回事呢？他得的会不会是一种少见的 CAH 呢？经过简短讨论后，我们快速排除了这种可能。引起 CAH 的遗传变异会导致女性男性化，甚至在出生时就是男孩模样，只是有一件事她们做不了，就是长出睾丸来。经过外形观测和超声波确认，伊桑确实有两个正常形状的睾丸。

有几种更罕见的遗传病可以引起这种性别逆转，但都不符合伊桑的状况。我们很谨慎地考虑了一切可能的原因，但最后都很快排除了。

最后，我们小组想到了阿瑟 · 柯南 · 道尔爵士创造的名探夏洛克 · 福尔摩斯的一个观点：“当你排除了所有可能性，剩下的一个无论看起来多么不可能，也就是最终的真相了。”但当我们排除了全部的不可能，剩下的可能性也着实太离谱了，以至于在很长时间之后我们才接受了它可能就是原因。

或许一直以来我们对性别的看法都错了。

很长时间以来，我们一直相信，虽然染色体决定了我们是男是女，但在发育之初都是一样的，没有性别特征。我们相信，如果遗传了 Y 染色体或 Y 染色体的一小部分，就会向着男性发展。而没有 Y

染色体的话，我们就在基因控制下发育成女性。

但伊桑的案例不符合这样的情形。所以我们开始怀疑，传统的遗传观念是不是根本就是错的。

就像早期绕地球飞行的间谍卫星一样，最初从染色体组型检测所收集到的信息很少，也大都模糊不清。这就好像从1英里（约1609.34米）的高处看我们的基因组一样。

但即便是几十年以前，通过这种检测能够看到的也就是染色体臂是否完整。[8] 从某种程度上说，做染色体组型检测就好像走进了古董店去看放在书架上的百科全书。你很快地扫一眼，只可以数出有几卷，看看是否一卷也不缺。基因组型测试也是这样，它通过快速照相告诉我们46条染色体是否都在，但无法告诉我们每一页上的基因是否完好无缺。

最近几年，对整套基因排列的研究越来越清晰了。现在，我们可以利用以微阵列为原理的比较基因组杂交来“分解”DNA，然后将其与已知DNA样本混合。通过二者对比，我们可以识别DNA某一部分的缺失或复制。这与了解染色体组型的目的是一样的，只不过更加细致深入了。[9]

然而，如果你想获得更多信息，了解基因里的每一个字母，也就是说，不仅能看到染色体，还能知道几十亿核苷酸基（腺嘌呤、鸟嘌呤、胸腺嘧啶、胞嘧啶）排列上的罕见改变，那你需要给DNA测序。

具体到伊桑，我们有一个意想不到的发现：在X染色体上多了一个SOX3基因的拷贝。正常情况下，发育成女孩的婴儿有两条X染色体，所以你知道女孩会有两个SOX3基因。但通常，每一个细胞中有一条染色体是被关闭或是“沉默”的，这是因为基因的产物XIST在起作用。有趣的是，伊桑的染色体拷贝提供了额外机会让SOX3基因在非沉默的 X 染色体上进行表达。我们在前面提到基因剂量的问题，如果有多出的基因就会改变蛋白质产物的总数量，比如在梅根的案例中，她多了一个负责可待因代谢的基因，结果导致体内可待因过多，造成了生命危险。

伊桑多出一个 SOX3 基因，这个基因上 90% 的核苷酸序列与 SRY 区域相同，而 SRY 是 Y 染色体上决定发育为男性的区域。两种基因的相似度如此之高，让我们不得不怀疑 SOX3 基因是 SRY 的基因祖先。二者的主要区别是：SRY 只存在于 Y 染色体中，而 SOX3 存在于 X 染色体中。

如福尔摩斯所说：游戏尚未结束。

就像老棒球手退役后再复出参加一次比赛，我们从伊桑的案例中发现，SOX3 基因可以行使 SRY 的功能。在合适的位置，合适的时间，合适的环境中，SOX3 基因就可以使一个女孩发育成男孩，不管有没有 Y 染色体。

当今，我们知道少部分人跟伊桑有相似的基因，虽然不完全相同。但是我们同时也发现，有人虽然遗传了 SOX3 复制基因和完整的 XX 染色体，但却发育成了解剖学上的正常女性。这让问题显得更加复杂。

为什么伊桑的情况如此特殊呢？

35 年前，如果告诉遗传学家你可以通过喂食控制基因开闭的叶酸，把一只瘦瘦的棕色老鼠变成胖胖的橙色老鼠，他肯定会大大嘲笑你。

随着遗传理论的迅速更新，我们必须保持思维开放。杰托的刺豚鼠只是单一环境因素可以影响基因组的小小案例。

当然，我们的生命不会像实验室里的老鼠一样只受到单一环境因素的影响。这提醒我们生活中有很多的变数是我们目前的技术和智慧无法预料的。

事实上，目前所有先进的遗传技术都无法帮我们解释，为什么其他有着相似基因型的人能正常发育成女孩，而伊桑会发育成男孩。但我们知道在很多情况下，就像有NF1基因的同卵双生兄弟亚当和尼尔，基因表达和抑制都很容易被改变，从而永远改变我们的生命进程。

遗传和表观遗传因子的多种形式，如何影响性别发育，我们现在只是略知一二。然而对于大多像伊桑这样的孩子来说，会有深刻的二元影响。男孩还是女孩？他还是她？粉色还是蓝色？

其实事情完全不必如此。

在参加一个非政府组织——人口和社区发展协会（PDA）——在泰国举行的艾滋病预防项目时，我遇见了一个变性人。

她叫婷婷。每天晚上，我在曼谷世界著名的红灯区帕蓬负责一个性教育展位时，她就在几步外工作。PDA的一个目标是让更多的泰国人使用避孕套以防止艾滋病的传播。这对于该城市的性工作者来说当然尤其重要。

但婷婷的目的有点不同：她要引诱更多的有钱顾客到当地一家俱乐部观看粗俗的性表演。

就算没穿高跟鞋，作为一名泰国女性她还是很高的，在这个性工作者像蜜蜂一样扎堆的地方，她或许就是因为身高才引人注目。

帕蓬在20世纪40年代后期还是曼谷的市郊，在越南战争期间经济开始迅速滑坡，当时许多美国大兵一有空就花钱释放每个士兵都会有的恶习。现在，这个地方虽然更像一个旅游景点——一个永远处于狂欢中的地方，但仍是三教九流和性交易汇聚的地方。

婷婷这类女孩总是站在俱乐部门口，要么是作为员工吸引外国男性和喜欢性猎奇的夫妇进去，要么就是作为个体工作者吸引从里面出来的人再花点儿钱找点儿乐子。

几天以来，她时不时向我这里瞟一眼，但是从来没有走近过。有一天晚上突然下大雨，她匆忙溜了过来——虽然地面较湿，她仍穿着7英寸（约0.18米）高的高跟鞋，姿态还算优美——躲到旁边的雨篷下避雨。

她拿起我为之服务的组织印发的宣传册，随便翻到写着泰语的地方。"这么说，你已婚了？"她用相当好的英语问我，嗓音要比我想象的低沉。

暴雨持续了差不多30分钟，期间我们一直谈话。这半个小时让我获得了许多信息。

她向我透露了一些事情。泰国大约有200 000名变性人，许多泰国人，甚至观念非常保守的人，把他们看作"第三性"。这其中的有些人只是穿异性服装，有些还没有做变性手术，有些则通过全方位的手术把自己完全变成了女人。

但他们不全是性工作者。变性人在泰国社会的各个领域工作，从服装厂到航空公司，甚至泰拳场地也有他们的身影。真的，可以说最著名的变性人是拳王芭利娅，曾是佛教僧人，后来参加职业泰拳比赛，以便攒钱做变性手术。有时她会化妆来到赛场，把对手打倒后再送给他一个吻。

所有这些并不是说变性人在泰国不受歧视。他们受到很大歧视。一方面，他们无法在法律上把自己的男性身份变为女性身份，甚至那些基因上是女性的也不行。在一个每年要招募100 000名青年男性服兵役的国家，这在过去造成了一些问题。

那些想要做变性手术的人还面临其他问题。在泰国做变性手术相对西方来说便宜一些，因此世界各地的很多人都来到泰国做变性手术。不过，虽然便宜，有些泰国人依然支付不起。没有办法，很多变性人只能通过卖淫来筹集手术费用，完成梦想。

婷婷的故事就是如此。她出生在一个贫穷的农民家庭，住在泰国东北部城市孔敬，在她14岁的时候全家搬到曼谷谋生。我们遇见的时候她24岁，仍然在为手术攒钱，而她也早已明白，这一梦想可能永远实现不了。她还是个孝顺的孩子，每月都要寄钱给家中父母。“我们那里都是儿子供养父母，”她告诉我，“虽然我更像是他们的女儿，但我仍觉得自己有责任。”

在后来几周的偶尔谈话中，我了解到更多信息。我也渐渐接受她作为双性人的身份，以及她要成为一个变性人所走的每一步——这些都非常有趣。

“拿我来说，”有一天晚上她说，“身高是最好的开始。这也是你第一眼看到的。”

她说得对。从基因上来讲，在所有人种里，男性都要比女性高很多。

“真的吗？”我说，指着对面酒吧前一个较矮的女孩，“那个女孩呢？”

“她是变性人，”婷婷说，“看她的喉咙——你可以看到一个大的——你们把这叫什么？”她仰起头，指着自己的喉咙。

“喉结，”我说。

“对——就是这个，”她说，“这是你第二点要看的。”

从基因角度来说，她又说对了。喉结，科学意义上来说叫作喉头凸起，是男性荷尔蒙作用的结果。男性荷尔蒙使得男孩在青春期改变基因的表达，促使某些组织生长，从而产生了喉结。

“但是，我首先注意到的是你的声音，”我说。

“声音很容易欺骗人，”她说，声音提高了两个八度，盖住了自己喉结所发出的低沉嗓音。

“好吧，”我指着一个经常光顾我的展位的女孩，“那尼特呢？她个子不高，我也没看见过她的喉结，而且她音调比较高。”

“变性人，”婷婷说。

“你确定吗？”

婷婷看了我一眼，胸有成竹地笑了笑，她总是一副耐心做老师的样子。“当然！你能看得出来。看她走路时胳膊的样子。”她说，“看到了吗？这么直，跟男的一样。她不是一个真正的女性，出生时是男的，只不过很幸运地做了全方位手术——幸运的女孩——但肘部还是出卖了她。”

婷婷指的是手肘关节的外偏角，是指女性弯曲肘部时前臂和手与身体所呈的角度，你自己可以站在镜子前模仿一下端盘子的姿势。

假如你是男性，却发现自己的肘部也是这样，也不用太在意。婷婷的建议是有道理的——外偏角越大，越有可能是女性——但是跟我们的身体其他部位一样，总有很大的可变系数。

泰国并不是唯一有着这种微妙性别观的国家。

在尼泊尔，直到2007年同性恋才成为合法关系。但是2011年，这个有着2700万人口的南亚小国做了一次人口普查，成为世界上第一个将“第三性人”（包括那些认为自己非男非女的人）算到人口里的国家。

尼泊尔附近的印度和巴基斯坦有一群人叫海吉拉斯——他们生理上是男性，但性别认同是女性（有的会做阉割）——现在也已获得特殊认可。早在2005年，印度护照当局开始允许海吉拉斯在材料中以此身份登记。2009年，巴基斯坦也开始采取这种做法。

在这些地方，人们普遍认为性别认同或者缺失性别认同不是可以选择的，这是很重要的一个观点。虽然这一观点不能帮助特殊群体免受偏见和不幸，但确实让这些相对保守的国家至少在法律上承认无法融入传统两性角色的人，并提供一些保护措施。

必须认识到，我们所说的这些人并不是从西方社会学到了性别上自由先进的观念才变成这样的。像海吉拉斯这样的群体在印度和巴基斯坦有着4000年的历史。[10]

阉割也不只是南亚国家的现象。很多文化群体，包括一些相对现代的西方文化群体中也有这些现象。比如，16~19世纪的意大利，有成百上千名男孩为了音乐被割去睾丸。这些男孩成了阉人歌手。

Gizziello、Domenichino和Carestini这些名字现在已经很少有人知道，但在18世纪，这些阉人都是意大利的头牌歌手，因为他们有着男性的肺活量和女性的音域——多亏了他们的声音在青春期前期就已成型不变。德国作曲家乔治·弗里德里希·亨德尔与他们关系密切，他曾写过几出包括《里纳尔多》在内的歌剧，里面一些角色由阉人歌手担任。

当时，有人用托马斯·爱迪生发明的留声机记录了阉人歌手亚历山德罗·莫雷斯奇的歌声，这是至今留存的少数阉人歌手录音之一。莫雷斯奇占据梵蒂冈歌咏团第一女高音宝座长达30年，直到1913年退休。[11] 1922年，莫雷斯奇去世，享年63岁——这一年纪在今天看来是相当年轻的，但在那个时代的意大利，已经比平均寿命多出了10年。

这可能并非偶然。有人记录了在朝鲜王朝王宫里工作的太监年龄，研究表明，除了嗓音特别外，他们要比宫里的其他人多活几十年，其中也包括那些皇室成员。研究人员表示，这可能是由于男性激素，如睾丸素，对心血管健康有伤害作用，或者会随着基因的表达和抑制的变化而削弱免疫系统。[12]

我可没有让大家去做阉割手术来多活几年的意思。我想要说的是，我们的性生物学不仅是遗传性别，而且是基因、时机和环境的独特结合。随着我们的观察，脱离常规的人群（不管是什么原因）会为其他人带来许多信息，伊桑这类十分罕见的案例是这样。世界各地有数以百万的人在基因、生物、性行为或者社会认同上不符合严格的男女气质的传统观念，都能说明很多问题。

随着了解的深入，我们发现基因是极易受影响的。生命会把我们饮食、日晒甚至是欺负别人的信息随时传达给基因遗传，而到了基因表达或抑制的时候，这些信息会起到决定性作用。

在伊桑的案例中，只是一个额外基因的恰巧表达就让他从女孩变成了男孩，用不着整套基因的改变，甚至一条染色体也用不着。伊桑的多余基因 SOX3 彻底、永远地改变了我们对成长发育的认识。

你可能听说过这句话，“与我们的内在相比，过去和未来都不算什么。”[13]这无疑是很好的心态。但是我们现在所要明白的是，身体内部的微小变化与我们的过去和未来息息相关。这在以前是无法想象的。

文化氛围也可以影响性别。在一些国家越来越多的人通过超声波检查看到胎儿是男是女，因此想要男孩的父母就有机会打掉女性胚胎，造成几百万的女孩在母腹中夭折。记住，这并不是医学超声波的最初目的——它最初的目的是把生命带到世界上来。

如今，利用产前超声波检查生男孩的做法让很多医务人员觉得不舒服。但是，在今天我们生活的世界，性别是唯一一样可以通过基因检测——不管是在孕前或是孕期——而被选择留下或是放弃的东西。

我们是否做好准备，让伊桑、婷婷、理查德、格蕾丝和所有其他在书中提到的人，以及成千上万存在于社会、文化、性别、审美观和基因主流体系之外的人，可以在基因上被检测出来，然后像加勒比海的潜水艇那样，被抹杀掉？

我们将会看到，为了寻求更完美的基因系统，我们要抹杀掉的可能不只是成千上万不符合自己所制定的社会规范的人。我们煞费苦心想要解决医学难题，或许我们正在根除能解决此难题的办法。

第11章 总结

罕见疾病教给我们的基因遗传的知识

现在，你很可能对所有这些令人惊叹、看似杂乱的基因活动有了更清楚的认识——仅仅是为了婴儿的顺利出生，这些活动都必须按照正确的顺序在正确的时间内发生。

然后，同样的条件也必须发生在婴儿出生后的第一天、第一周和第一年。

不断地进行下去。

伴随着青春期，进入成年期，为人父母，经历中年期的变化。正如我们在上一章所了解的，所有生物性、化学性和放射性的影响因素每天都在密谋，试图改变我们的基因。生长过程就是与之不断的对抗。

然而，我们可能忽略的却是每时每刻都在发生的生物性事件。从心脏的跳动，到两肺在每次吸气时的扩张，大部分的生命活动和遗传结果都在暗中进行着。多数情况下，只有在超出正常生理范围的极端状况下，你才会意识到自己的心脏从出生前开始，就从没停止过跳动。当你由于激动、紧张，或是运动导致心率加快时，你会去注意体内产生的变化，但通常不会去反思，这一特定的变化是如何被多层次的基因和身心机制所引发和影响的。正如我们看到的，体内基因组的存在与我们居住的环境相适应，每时每刻，基因组都在以表达或抑制的方式回应着我们的需求。

有些事件可能很平常，比如机体需要以酶的形式生产一种分子加工装置，以帮你消化吃下的早餐。而有些时候，机体可能会提出重要请求，例如，请你的基因组提供可以合成胶原蛋白的蛋白质模板，以搭建、支撑组织结构，帮你在外科手术后愈合伤口，尽早恢复。

遗憾的是，一帆风顺时，我们大多会充满喜悦地忽视一些细节，即在我们体内的生命活动背后，基因如何发挥着重要的作用。我们甚至没有意识到，即使在休息时，体内也处于不断变化中。通常只有在自己或是所爱的人身上出现了某些极其不正常的情况时，我们才会开始对其背后的神秘过程有所关注。这些必然发生的过程复杂得难以描述，令人难以想象，而只有日复一日、持续发生，才能使我们得以受孕和出生，直到长成现在的样子。

就像影子在屏风后移动，我们偶尔也会对体内的运作瞥上一眼。激动时能感受到脉搏的加速；手术后切口会结痂、然后慢慢消失。通过这些，我们才感受到这都是数以千百计的基因在不断精确地表达和抑制，直到顺理成章地出现最终结果。

正如家里有一根水管开始漏水，在它爆裂之前，对墙体背后或是地板下发生的情况我们不会多想。但那之后，就会成为我们关注的全部。

生活也是这样。大部分时间，对于我们持续的存在，身体并没有要求太多回报。每天，不过是几千卡路里，少量的水和些许轻微的运动，仅此而已。这就是维持我们宝贵生命仅需的酬劳！

大部分时间，身体甚至像一个默默无闻的私人教练和营养师那样帮助我们。分子信号会有条不紊并温柔地（有时也不是那么温柔）提醒我们吃东西、喝水、睡觉。释放这些小信号时，身体是在敦促我们有所行动。但这同时意味着身体处于某种失衡的危险中。

如果忽视这些要求，或者没有意识到去满足它们，身体就会变得焦躁不安（回顾一下你最近一次想方便却找不到厕所的感觉）直至被满足。这一切的发生，是如此自然，因而易被忽略。大多数人大部分时间，都活在对生理机制和遗传机制一无所知的状态中。

除非某些环节出了小问题，我们很难注意到它。然后就会像我们将要看到的那样，当你摘掉无意中戴上的眼罩后，世界将变得像水晶般清晰。

整个地球也找不到和你完全一样的人。

但是，让我澄清一下：虽然你在基因遗传方面具有独特性（除非你是单卵双胞胎，即使这样，你们的表观基因组也可能相差甚远），但仍有很多人与你很相似。

有些时候，尽管令我们独特的只是非常微小的基因变化——就像前一章提到的伊桑，却极大地影响并改变了我们的生活。有些改变是如此特别，以至于几乎不可能在地球上找到同类。如果你是位遗传学家，发现并研究让一个人如此独特的原因，真是会改变你对人类的看法。如果遗传学家们幸运地获得了某种发现，真有可能开发出一种惠及百万人的新疗法。

这就是罕见病可能带给我们的礼物。通过了解是什么让基因异常，我们获得了一个完全独特地看待生命的视角。通过对罕见遗传病患者的了解，我们获悉看待自身基因的全新方式，这为医学发现和研究新疗法扫清了障碍。

这就是为什么我想请你们见见尼古拉斯的原因。

从很多角度来看，对于我们来说，尼古拉斯是一位年轻的老师。他能活下来几乎是不可能的——他患有极为罕见的稀毛症－淋巴水肿－毛细管扩张综合征（hypotrichosis-lymphedema-telangiectasia syndrome，HLTS）——我们知道，从他身上我们能够学到很多东西。

你不必是一名受过训练的畸形学家，只看一眼，你就知道尼古拉斯有些地方与众不同，但或许你需要我这样的人来指出。这样的不同有已知的遗传基础。

漂亮的蓝眼睛，看似永久在沉思的面庞，这个漂亮的孩子也会偶尔露出大大的、富有感染力的笑容，让你禁不住要去回应他。他是一个十几岁的少年，他的气质里的某种东西会让你产生这样的印象，他拥有一种完全超出年龄的智慧。

这些特质是如此令人惊讶，以至于你起初几乎不会注意到他的那些与疾病名称相对应的外貌特征：稀毛症，缺少毛发；淋巴水肿，淋巴循环不畅导致的持续性肿胀；还有毛细血管扩张，皮肤上显露出网状般的血管。

稀少的毛发（尼古拉斯只在头顶上有几缕姜黄色的毛发），以及在皮肤上若隐若现的蜘蛛网般的静脉血管，在很大程度上仅是美观问题。当然，这并不意味着它们不重要，只是它们不会危及生命。而淋巴水肿就不同了。

在正常情况下，我们的身体随着日常活动，会有条不紊极其出色地运送身体组织内汇聚的各种体液。有时候，作为对伤口感染和身体受伤的回应，组织液会在一个地方停留较长时间。几乎每个人都在生命中的某个时刻对此有过体验——如果你扭伤过手腕或脚踝，你就知道是怎么回事了。水肿是疗伤过程中非常正常的现象，对身体通常是有好处的。但对于患有 HLTS 的病人来说，水肿并非是对身体受伤的回应，而是由于淋巴系统病态异常而持续出现的病理反应。

尽管 HLTS 极为罕见——世界上不超过 12 人患有此病——以上所有症状的组合在此类患者中却很常见。尼古拉斯还有肾脏衰竭的并发症，这令他迫切需要肾脏移植。据我们所知，这在其他 HLTS 患者中并不常见。就是这一点，让我们踏上了在全世界寻求解释的旅途。

如同很多旅程一样，这段旅程始于一张地图。没有高速公路编号，也没有街道名称，这幅地图标示出了一个特别的基因地址，就我们那时所知，该地址只出现于尼古拉斯的基因组中。通过将这些 DNA 序列的所有字母与未患有 HLTS 人的已知基因组进行对比，随后观察它们在什么位置不一致，我们发现 HLTS 是由 SOX18 基因突变引起的。

有时，我喜欢与我所研究的基因建立一种良好的关系，我会偶尔给它们起一些绰号。我喜欢管这个基因叫作“强尼·戴蒙基因”，这位胡须浓密的前波士顿红袜队队员，后来转会到了纽约洋基队。他在波士顿和纽约都身披 18 号球衣，曾在一场被广为谈论的比赛中叛变到另一方。*

洋基队雇用戴蒙是期望他能给球队作出贡献。在戴蒙转会之前，作为击球手，他在美国职业棒球大联盟中效力的 11 个赛季中平均打击率为 0.290，他有时时盗垒的威胁性，在外场也是球队中坚力量。

与基因研究类似，当你知道球员过去的表现时，很容易预测他将来的表现。在为洋基队效力的 4 个赛季中，戴蒙继续保持着高达 0.290 的打击率。但是，在纽约的最后一个赛季中，他将近 100 次三击出局（这是一个不幸的个人记录），盗垒也降到职业生涯的最低，失误离场

* 在美国职业棒球大联盟中，波士顿红袜队和纽约洋基队在当时是死对头。——译者注

在联盟中排名为并列第一。在2009年年底，作为一名自由球员戴蒙被纽约洋基队辞退。

基因的工作原理与之相似。一旦我们知道一个特定基因在正常情况下是如何工作的，就很容易以此为参照，判断它何时出现异常，反之亦然。所以，对HLTS患者的SOX18基因进行研究，让我们了解到该基因正常情况下有助于淋巴回流，将渗漏到组织间隙的多余体液重新吸收。这是非常有用的信息。当然，这仍然没能帮助我们了解尼古拉斯为何会患有肾衰竭。

HLTS并发肾衰竭可能只是巧合吗？当然，毕竟世界上还有很多人患有两种或两种以上的类似疾病，且并无基因关联。或许尼古拉斯只是运气太差罢了。但我并不能接受这种猜测。我有一种持续的激情去继续研究他的SOX18基因突变和肾衰竭之间的关系，并找到合理的解释。这样一来，有尼古拉斯作为向导，我们开始了另一段基因冒险之旅。

当我们发现一个病人存在某个特定基因的突变，了解突变是自发性还是遗传性的不仅非常有用，甚至极为重要。因此，要做的第一件事情就是检测病人父母的DNA，以确认突变来自父亲还是母亲。如果父母在自身基因中并未发生突变，那么就有可能是一种新的基因变化，我们称之为“新生突变”。我们不能立即断定这是自发突变，因为我们也不得不考虑人类共有的小缺陷——不忠行为。

你可以想见，这会导致一种棘手的争辩亲生父母的危险之路，特别是当我们所观测到的基因缺陷事关生死。

在尼古拉斯的病例中，核实了他的父亲身份后，我们未能在他们的DNA中找到发生突变的基因。所以，依据之前所述，这意味着我们所看到的是一种新生突变。

更为悲剧的是，在尼古拉斯出生后一年，他的妈妈珍，怀上了另一个男孩。怀孕第7个月时，珍开始变得体弱多病。通过对她的病情监测，她的胎儿也正面临危险。立刻进行的剖宫产最终也没能挽回胎儿。对死去胎儿的DNA分析显示，胎儿和他哥哥一样，SOX18基因同样发生了突变。可见，尼古拉斯并非唯一。

两个男孩都发生了完全一样的新生突变吗？这令人难以置信。我怀疑，尼古拉斯的父母其中有一人可能在生殖细胞里携带了突变因素。当我们看到这种类型的传承模式——即父母没有突变的基因，却有超过一个以上的孩子发生相同的基因突变——这被称为生殖系嵌合体。

现在，明确了尼古拉斯是如何遗传到SOX18基因突变的，我便继续深入探索。一个情况引起了我的注意：那几个有同类病症的人，他们的SOX18基因突变是纯合子状态的，这意味着他们携带有双份复制的突变基因。但尼古拉斯只继承了单份复制，这就意味着他的突变是杂合子状态。与尼古拉斯不同的是，即使其他遗传了单份复制SOX18突变基因的患者，这些“基因携带者”也并未患上HLTS。这就是说，如果我们对遗传学的理解正确的话，尼古拉斯也不应该患有HLTS。

在遗传学领域，很多时候，当我们试着解答一个问题时，又会有新的五个问题涌现出来。我们对尼古拉斯的期望是，所有这些问题能够让我们更接近他的肾衰竭的原因。随着我重新评估尼古拉斯这一病例，我开始怀疑尼古拉斯令人震惊的肾衰现象可能是由其他疾病引发的——一个在基因层面与HLTS相似却与之不同的疾病。

理论是一回事，试图证明或推翻它们则完全是另一回事。为了尝试，需要在70亿人口的基因海洋中找到那沧海一粟。实事求是地说，找到另一个有同样突变且具有尼古拉斯同样症状的人，概率几乎为零。我成功机会渺茫。但也绝对值得一试。

如此，我做了任何一位正在寻求答案的优秀遗传学者一样的事情：我开始了这趟旅程。在旅途中，我尽可能多地在医学会议上提及尼古拉斯的病例，不断希望有人能告诉我，他也遇到过和尼古拉斯有着类似症状的病人。

回看当时，这个奇怪病例出现的概率完全在我的意愿之外，我对自己的天真想法也不确定。但我知道，这可能为尼古拉斯提供帮助，也会提供大量有价值的医学新知识，它至少是值得尝试的。

正如我们反复所看到的，了解像尼古拉斯那样的罕见病例能够影响并改变我们的生活。幸运的是，世界上有众多遗传学家和内科医生在致力于解开这些极为复杂的医学谜题。当时我还毫不知情，在另一块大陆上有一群具有奉献精神的内科医生和研究者，恰巧也在为了一个症状极像尼古拉斯的病人询问同样的问题。非常巧合的是，他们的这个病人，托马斯，也恰好患有HLTS。

托马斯跟尼古拉斯一样，与其他那几位遗传了双份突变基因复制而患有HLTS的人不同，他也只遗传了单份的SOX18突变基因复制。令我无比惊讶的是，他也同样患有肾衰竭，需要肾脏移植。

最重要的是，有个问题我们始终无法解答——托马斯不仅有着和尼古拉斯一样的临床症状，令人难以置信的是，他其中一个SOX18基因还有着同样的突变。

最终，当我看到托马斯的照片时，那种感受绝对是奇幻般的。在一个深夜，我独自一人坐在办公室里，电脑屏幕中那个盯着我看的男人，他的面孔好像是——不，应该说我甚至可以发誓——他就是14

岁的尼古拉斯在38岁时候的样子。

他们俩都有着同样君主般的、几近秃顶的脑袋，同样的杏仁形眼睛，饱满、唇线分明的红唇，还有同样善良和智慧的面庞——他俩就像是一个模子里刻出来的。

考虑到他们在同样的极为艰难的人生旅途上跋涉，在某种意义上，他们就是从一个模子里刻出来的。

此时此刻，仍旧没有任何答案可以解释，这两个年龄不同、远隔4000英里（约6436千米）的人，却具有惊人相似的遗传情况、体貌特征和包括肾衰竭在内的病情。而在地球上，似乎也再没有另一个人和他们一样。

相似之处只能让我们得出一个结论：我们正在面对一种全新的病症。

现在，对于以后得了HLTRS（多出来的字母R表示renal，肾衰竭）的患者来说，好处是显而易见的。尼古拉斯有了新的肾脏，这个美妙的礼物来自他的父亲乔，手术后他也恢复得很好。随后尼古拉斯在学习上也表现良好。这对于因看病而错过很多课程的尼古拉斯来说，是不小的成绩。最近，在社交方面他也变得更为开放，这是他以前从未有过的。显然，尼古拉斯是个很棒的孩子，生活在充满着支持和关爱的家庭里，而生活质量的真正提高也应归功于病症被查验出来后，他所受到的细致的医学监护，以及众多科室、专家的专业护理。对尼古拉斯和托马斯有效的治疗手段，将会成为下次遇到同样病例时，我们首要做的事情。这里不必特别提及——下一位病人，将更快知道他在这世上并非孤身一人。

当然，我们在这里讨论的情形可能是十亿分之一的概率，如果真是这样，下一次出现这种情形可能将会是很久很久之后了。

那么，这与其他人有什么关系吗？

事实上，关系还不少。

如今，世界上有超过6000种已知的罕见疾病，一共影响了3000多万的美国人。[1]这一比例约为美国人口的1/10，比尼泊尔的人口总数还多。

形象化地感受这一图景的方式，是想象一个大型的露天足球场，球场上每个人都身着白色衬衫，每隔9排这些人就穿着红色衬衫。环顾一下体育场，你看到了什么？一片红色的海洋。

现在，请想象每个穿着红色衬衫的人都举着一个信封，每个信封里都装着写有一句话的纸片。把所有句子放在一起，就有了一个讲述体育场内所有人的故事。

这就是遗传学研究罕见病的方法。一小部分SOX18基因突变的人如何帮助身体构建淋巴循环系统——他们的讲述增进了我们的理解。

这正是尼古拉斯和托马斯能帮助我们的地方：很多癌细胞为了自身的利益劫持了淋巴系统并由此扩散。弄清SOX18是如何参与到这一过程中的，对于治疗某些类型的癌症将提供一个新的、亟须的目标。可以肯定，尼古拉斯和托马斯也会帮我们更好地了解SOX18在维系健康肾脏中所起的作用。

总之，这就是我们受惠于尼古拉斯、托马斯以及其他许许多多多种遗传疾病患者的，他们在协助我们开展工作。医学探索的历史显示，他们更有可能给别人提供一些潜在的有利于健康的发现，而自己未必能来得及从中得到好处。

这并不是一个新概念，远在我们对于遗传医学的现代观念之前它就出现了。回到1882年，也就是格里戈·孟德尔去世前两年，内科病理学的开创者之一，詹姆斯·帕吉特（James Paget）医师就在英国医学期刊《柳叶刀》上指出过："对罕见病患置之一旁，用无关紧要的态度或是诸如'充满好奇'、'会有机会'等无足轻重的字词来对待他们，是可耻的。"

帕吉特接着说道："他们之中的每一个病例都有意义！每一个病例都有可能成为真知灼见的开端，只要我们能够解答如下问题——为什么这些疾病是罕见的？或正因为罕见，为什么会在这种情况下发生？"

帕吉特谈论的是什么呢？想一想在医学史上最成功的一种药物的故事，就能清楚地了解罕见病例是如何给普通病例启示的。

我们需要脂肪。没有足够的脂肪摄入时，生活会变得很不舒心——这不仅是指美食角度，也有生理角度。超低脂肪的饮食会导致脂溶性维生素，比如维生素 A、D、E 无法很好地吸收，对某些人来说，这还与他们的抑郁和自杀行为有关。[2]

但是，就像生活中的很多事情，往往过犹不及。对于很多人来说，高脂饮食的弊端是产生过多的低密度脂蛋白（LDL）。血液中携带 LDL 胆固醇的含量过多会引起动脉粥样硬化（atherosclerosis），这个名称来自古希腊词汇 athero 和 skleros，其含义分别是"糊状物"，以及"硬的"。"硬的糊状物"确实是对我们动脉壁上形成斑块的很好描述。随着斑块的形成，这些重要的通道开始变得狭窄，柔韧性也不如以前——这种致命的组合往往预示着毫无防备的患者会罹患心脏病和中风。

不幸的是，这并非一种罕见病。心血管疾病（cardiovascular disease，CVD），影响着大约8000万美国人，是美国第一大致死病因，一年就能夺去多达50万美国人的生命。[3]

但是，如果不是因为一种非常罕见的遗传病"家族性高胆固醇血症”（familial hypercholesterolemia，FH），或许我们根本不可能对CVD有什么了解。

20世纪30年代末期，一位名为卡尔·米勒（Carl Müller）的挪威内科医生开始研究这种疾病。它的主要表现就是遗传因素导致体内胆固醇水平极高。米勒发现患有先天FH的人体内的胆固醇水平并不是逐渐升高的——他们一降生就携带着高胆固醇。

我们都需要一定量的胆固醇来正常生活——这是身体用来产生多种荷尔蒙，甚至维生素D的初始材料，但是，如果血管中流淌着过多的胆固醇，就可能有死于与心脏病相关的复杂病症的风险。对于FH患者来说，生命早期就会遭遇这样的命运，因为他们无法像我们大多数人一样，轻而易举地把低密度脂蛋白从血液中转移到肝脏里。结果，浓度极高的胆固醇被困在了血液循环系统里面。

在正常情况下，我们的身体用LDLR——一种与家族性高胆固醇血症（FH）密切相关的基因，来制造一种受体，以便让肝脏通过它来清除低密度脂蛋白，从而有助于防止胆固醇在血管中堆积、氧化并累及心脏。但是，如果你遗传有能导致家族性高胆固醇血症的LDLR基因突变，那么清除胆固醇的功效则无法正常发挥，脂肪全部留在心血管里，肆意堆积。

继承了两份这种突变基因的人，常常在30多岁或更年轻时死于心脏病突发。即使坚持跑马拉松，并保持最健康的饮食习惯也于事无补。

米勒当时或许还无法预见到他正在为制药史上声誉鹊隆的一种药的开发奠定理论基础。

我们早就知道，对大多数人来说，低密度脂蛋白水平过高可以通过调节饮食、进行锻炼来降低。但是，这对家族性高胆固醇血症的病人来说还不够，因此米勒之后人们开始寻求其他方法来降低此罕见病例中的高水平低密度脂蛋白。他们针对 HMG-CoA 还原酶研制出一种药物。这种酶通常在我们晚上睡觉时，帮助身体产生更多胆固醇。人们期望用相应的药物来抑制这种酶的形成，从而降低血液中低密度脂蛋白的含量。也许你已经听说过这类药物，抑或正在服用其中之一。

阿托伐他汀（atorvastatin，降血脂药）*更广为人知的品牌名为“立普妥”，是他汀类药物中最受欢迎的一种。它美名远播，如今世界上数百万人正在服用这个处方药。遗憾的是，对于继承了基因突变并导致罹患家族性高胆固醇血症的一些人来说，立普妥并非那么有效，然而在此类药物的基础研究中他们起了非常关键的作用。几种很有希望的新药已被批准用于治疗该病。但是某些病患只能通过肝脏移植才能很好地控制低密度脂蛋白水平。

对于其他数以百万计的高胆固醇人群来说，虽然他们的健康问题并非仅与遗传因素有关，更多缘于放纵的生活方式，立普妥已被他们视作避免过早死于冠心病的救星。

说到药物，最需要和最应该拥有它的人常常最初都得不到。有时候，他们从始至终也得不到。

但是，我们将要看到的是，事情不会总是这样。

有时候，从最初的遗传学发现到形成重要的新疗法可能需要花费几十年的时间。正如我们先前探讨的那样，为了寻找苯丙酮尿症的疗法，从20世纪30年代中叶，阿斯比约恩·佛伦发现该疾病开始，到罗伯特·格思里使几乎每一个人都能够进行这种疾病检测，中间也经

* 阿托伐他汀并非第一个开发的他汀类药物，但是最广为人知的药物之一。

历了几十年的发展。

令人振奋的是，从基础研究到临床应用的转化正在加速。这里要提到精氨基琥珀酸尿症（argininosuccinic aciduria，ASA）的故事。ASA是一种身体消除氨的尿素循环出现异常的代谢病。

听上去耳熟吗？是的，ASA与辛迪和理查德所患的OTC症极为相似。ASA病人通过多步骤循环将氨最后转换为尿素时出现异常。

ASA患者经常伴有认知延迟。起初，人们认为这些神经影响是体内氨含量过高的结果，就像理查德的病例一样。但是，医生很快意识到ASA病人还存在发育问题，并且随着时间推移而更加严重，甚至当氨含量在低水平时也依旧如此。

最近贝勒医学院的研究者们开始研究ASA患者的另一种症状：不明原因的血压升高。他们知道一种小分子物质——一氧化氮对于降低血压有着重要作用，他们也知道引发ASA的酶也是体内合成一氧化氮的关键酶。根据这个思路，贝勒医学院的研究团队把一些与氨有关的研究搁置一旁，将精力直接放在给ASA患者使用提升一氧化氮水平的药物上。令人惊讶的事情出现了，病人们的记忆力和解决问题的能力有所改善，前景光明。另一个额外的好处是他们的血压也开始正常了。[4]

虽然远不能治愈，但上述这个至关重要的环节仅耗费几年，而非几十年的时间就被确定下来，并由一些医生用来治疗ASA引发的一些长期症状。这也有助于解决其他因一氧化氮耗损引起的常见病症，比如阿兹海默氏症（Alzheimer’s disease）。这再次提醒我们罕见病可以帮助弄清一些可能与所有人都有关的问题。

通常，罕见病可以给其他疾病的治疗提供有价值的信息。正如我们先前所见，从研究有高胆固醇和心脏病的家族性高胆固醇血症开始，使得立普妥研发成功。内科医生现在可以帮助数以百万计的病人解除痛苦。

我自己的药物研发之旅一点也不顺畅。有时候，从晦涩的遗传到形成一种崭新疗法的路途蜿蜒曲折。我对罕见病研究持续不减的兴趣最终引领我发现了一种新型抗生素，我给它起名为Siderocillin。这种抗生素的创新点在于，它的作用原理和智能炸弹一样，特别是针对超级耐药菌的感染。

然而，回到20世纪90年代晚期，我对抗生素一点也不感兴趣。当时我正在集中精力对付一种叫作血色沉着病（hemochromatosis）的疾病。这种遗传紊乱会导致身体在一日三餐中吸收过多的铁，并令某些人诱发肝癌、心脏衰竭和早逝。我对于血色沉着病的研究发现：利用一些从这种遗传病中得出的理论，我可以发明一种针对致死性微生物的药物。

根据美国疾病预防与控制中心提供的数据，仅在美国，每年就有超过两万人由于超级细菌感染而死去。让这种生物体如此致命的原因是它们对很多现存抗生素都有抵抗力。这意味着我的药物研究有治疗数百万人以及每年拯救数千条生命的潜在能力。但是，当我第一次公布我的发现时，血色沉着病和超级病菌感染之间并没有科学上直接确定的联系。实际上，和我一起工作的很多科研人员无法理解看上去我为什么似乎在同时研究两个独立问题——耐药细菌和血色沉着病。现在他们理解了。

通过研究罕见遗传病获取的知识让我荣获了19项世界专利，其中包括计划于2015年开始的Siderocillin临床试验。在我的职业生涯中，从研究影响小部分人的罕见遗传疾病入手，从而找到帮助更多人的全新治疗方案，这是我能想到的最好例子。

罕见遗传疾病同样以其他方式帮助着我们。下面我们即将看到，它们还可以让我们停止伤害自己的孩子——仅仅为了能增加额外几英寸的身高。

请想象一下摆脱基因遗传命运的自由。再想象一下摒弃任何让你身患癌症的基因的可能性。但这里还有一个条件。你可能需要患上莱伦氏综合征（Laron syndrome）。

大多数患有这种疾病的人缺乏医疗条件，他们的身高通常低于4英尺10英寸（约1.47米），额头突出、双眼深陷、鼻梁低陷、下巴微小，躯干肥胖。我们知道世界上有大约300名这样的患者，其中有大概1/3的人住在厄瓜多尔安第斯高地洛哈省南部的遥远小村庄里。[5]

他们几乎所有人都对癌症有免疫力。

为什么？为了了解莱伦氏综合征，我们需要了解一点另一种遗传病的情况——格林综合征（Gorlin syndrome）。它在疾病图谱上正好与莱伦氏综合征相对。患上格林综合征的人容易出现一种名为基底细胞癌（basal cell carcinoma）* 的皮肤癌。尽管基底细胞癌在长期暴露于阳光下的成年人中较常见，但是患有格林综合征的人即使没有过多地暴晒，也会在年少时罹患此种皮肤癌。

大约每30 000人中就有1人可能患有格林综合征，尽管很多人没有被确诊。通常情况下，你不知道你已身患此病，直到你或家里其他人被确诊患有癌症。但是，也有一些形态异常的线索偶尔会展现出来，让你能轻而易举地发现它，包括畸形巨头（大头）、眼距过宽（很宽的双眼）、2-3并趾（第二和第三个脚趾有蹼）。[6] 其他常见的诊断特征包

* 每年被确诊的新病例大概有200万例，在美国，基底细胞癌实际上是最常见的皮肤癌，尽管不是最致命的。当然，并非每个患有这种癌症的人都有格林综合征。

括手掌上带有小坑，以及可以通过 X 射线胸片看到形状独特的肋骨。

那么，为何格林综合征患者没有过度暴露于阳光，对于皮肤癌之类的恶性肿瘤却那么敏感呢？为了解答这个问题，我要向你介绍一种名为 PTCH1 的基因，它生产一种名为 Patched-1 的蛋白质，在控制细胞繁殖方面起着关键作用。但是，当一种名为 Sonic Hedgehog* 的蛋白出现在格林综合征患者的体内时，Patched-1 蛋白无法正常发挥作用，对细胞分裂生长的控制功能减弱，导致细胞自由地进行分裂、分裂、再分裂。[7]

这当然是个问题，因为我们现在已经看到了很多次，毫无节制的增长就如同细胞世界的秩序大乱。不幸的是，这会引发癌症。

好了，那么格林综合征对于莱伦氏综合征有什么启示？从本质上来说，格林综合征体现出来的遗传与莱伦氏综合征刚好相反。前者存在细胞过度增殖，而后者则是细胞增殖受限。莱伦氏综合征是与生长激素受体相关的基因发生突变引发的，这让患者对生长激素不敏感——这是他们为何如此矮小的原因之一。

相较于身患格林综合征的人，其细胞世界秩序混乱的现象，患有莱伦氏综合征的人体内对细胞增殖有一种束缚作用，就像细胞极权主义。

如今，作为一种意识形态，你或许对极权主义持有保留意见，但纯粹从生物学观点来看，它是非常成功的。如果不成功，你此刻就不会出现在这里阅读这段话了。我也不会，这个星球上任何其他多细胞生物也不会。

因为像你、我，以及所有其他多细胞生物一样，我们都是不惜任

* Sonic Hedgehog 实际上是世嘉视频游戏中一个角色的名字，叫音速小子。

何代价要求细胞唯命是从的生物极权主义的产物。这种服从性是通过细胞表面的受体完成的，异常细胞会“剖腹自杀”——一种程序化的细胞自我毁灭，也被称作细胞凋亡。

就像失去荣誉的日本武士会选择剖腹自杀一样，一些想从数万亿细胞中脱颖而出的细胞，会执行毁灭程序或被命令自我毁灭。通过这种机制，一些遭受病原体感染了的细胞会牺牲掉自己来保护身体免遭微生物的侵袭。同样，在之前的章节我们提到过，通过这种机制，我们的手指和脚趾之间的蹼在胚胎发育过程中消失了，手指和脚趾被解放了出来，更加灵活。如果那些形成蹼的细胞没有凋亡，就像一些遗传疾病那样，你会长出一副连指手套。

这就是为什么在所有事物中，平衡才是关键。在我们需要细胞增殖的时候，往往也需要抑制细胞过度增殖的机制来调节动态平衡。请想一想每次受伤时的情景，无论是细小的切口还是更为严重的创伤，再想想身体所做的修复和重塑过程——都是自动完成的。这所有的一切都是每天数百万次在细胞的生存与死亡之间达成的平衡过程。

你愿意让平衡失调吗？

其实，你或你认识的某个人或许已经开始出现平衡失调的问题了。

高个子有高个子的好处。长得高的孩子一般很少受欺负，而且有更多的时间花在运动场上。研究表明，相比于个子矮的同事，个子高的一般来说更容易在工作中升职，获得更多收入。[8]

当然，也有例外。其中最为著名的是拿破仑·波拿巴。事实的真相是，这个世界上最著名的矮子可能并没有传说中那么矮。回到19世纪初，那时候法国使用的长度单位“一寸”比英国人使用的“一英寸”要长一点。所以，不太喜欢拿破仑的英国人在提到他的身高时，就按照法国人自己说的5尺来描述，并没有考虑到换算。实际上，拿破仑可能将近5英尺5英寸（约1.6米），甚至更高一点。这身高在他那个年代绝对不算矮了。[9]

无论是法国还是英国的“一寸”，当用来描述身高时，每一寸都要算。我们可以肯定的一点是，不用踩着梯子就能够到书架顶端的人有时候确实有用。

这就是为何身材矮小——包括疑似病例——是儿科内分泌医生接诊的第二大常见病例。并不是说父母不再爱他们身材矮小的孩子，而是因为对于我们这一代人来说，身高已经成为一种商品。基因重组生长激素（GH）小范围应用于治疗患有严重身高增长缺陷的孩子至今已有半个多世纪了。父母如今已经非常确信自己可以影响孩子的身高，并从理论上为孩子的未来助一臂之力。[10]

如今，越来越多的遗传病，其中一些你在本书中已经读到，像GH，人工合成的基因重组生长激素已作为处方药。从普拉德－威利综合征（人类第一种与表观遗传学相关的疾病）到诺南综合征（几年前，我妻子的朋友苏珊在晚饭时被我确认出来），研究者们发现越来越多的人能够或多或少地借助注射基因重组生长激素而获益。

有些遗传性疾病非常严重，生长激素在治疗这类疾病时至关重要，尤其对儿童来说。但是在很多情况下，给予生长激素（一般是通过常规定期注射）只是针对性地用于解决身高问题。比如，先天性身材矮小是一种遗传性疾病，患病的孩子身高低于平均值两个标准差以上，但是没有明确的遗传、生理或营养异常。换句话说，他们可能是完全正常的孩子，仅仅是身材矮小。

这就是阿兰·罗森布鲁姆（Arlan Rosenbloom）所面临的困扰。他在发现莱伦氏综合征患者很少罹患癌症的事实中发挥了重要作用。当我问他是否对给孩子使用生长激素有所担忧时，这位佛罗里达大学的内分泌学家只用了一个词回答我：内分泌整容术。这就是罗森布鲁姆的幽默，他（和越来越多的同事们）近乎嘲弄地用这个词来描述那些将生长激素用作美容目的，包括试图让孩子长得更高的做法。[11]

如果 GH 能够通过所有的法规限制（此类规定有很多），而且流行病学调查并未确证注射生长激素会增加孩子患癌症的风险，我们有什么需要担心的呢？

要想解答这个问题，看一看胰岛素生长因子1（IGF-1），或许会有些帮助。IGF-1在身体察觉到生长激素飙升之后被释放出来。IGF-1并不只促进身高的增长——如果你正在尝试将孩子的身高再增加几英寸的话，它还有助于细胞的存活，这听起来不错。

但是且慢，在你同意让孩子接受生长激素注射前，你必须了解：IGF-1也能抑制细胞的凋亡——也就是抑制细胞的自杀。当一群细胞胡作非为且无法被消灭时，这种情况是很危险的，甚至是致命的。

在罗森布鲁姆看来，仅仅是因为比其他孩子稍微矮了一点就给孩子注射生长激素会让他面临不必要的风险——或许最终导致癌症——这种风险我们现在还不完全清楚，但在接下来的几十年里可能会弄明白。他认为让孩子接受 GH 注射治疗很大程度上并非是为了儿童的健康和长远利益，而是制药公司市场营销的结果。

如今，GH 市场价值数十亿美元，其中数百万美元花在了每年的市场营销上，告诉那些焦虑的父母，他们身材矮小的宝贝孩子需要昂贵的治疗，然而孩子身材矮小有可能并不是真的有问题。

莱伦氏综合征患者不会得癌症的原因恰恰正是因为他们的身体对生长激素不敏感。如果是这样，我们还应该接受这些风险并且给孩子们注射人工合成的生长激素吗？如果更多的父母对莱伦氏综合征有所了解，知道使用生长激素有得癌症的潜在风险，他们或许就不愿意使用它了。

当莱伦氏综合征在20世纪60年代中期首次被描述时，人们根本无法去预测许多年后它给癌症预防提供了一个难得的线索——或者，对任何罕见病的研究的收益，不仅在于获取深奥的医学知识。

但是，正如我们在这次遗传学的奥德赛征程中所看到的，那些罕见基因患者家庭（比如容易使血胆固醇偏高的基因），最终反而帮助我们取得了巨大的医学突破，惠及无数人。毕竟，对血色沉着病的研究让我发现了一种新的抗生素。对于每一个罕见病患者和他们的家人，我们都应该无尽地感激，他们给了我们太多医学上的馈赠。

多年来，我遇到很多罕见病患者。我很难设身处地感受他们的一切，事实上任何人都不可能有他们那样的切身感受。

但是职业角色赋予我独特的视角，使我能近距离地以有利位置来观察这些最坚强的人。患者、父母、配偶以及兄弟姐妹，他们面对这些充满挑战的疾病时，表现出令人难以置信的勇气，经受住了病魔的考验，充分体现了爱与慈悲，以及坚韧不拔。

例如尼古拉斯的母亲珍，由于多年来一直充当儿子的坚强后盾，她赢得了“功夫妈妈”的美誉。

有一次，我曾经对珍提起这一绰号，她脸上洋溢着骄傲（尼古拉斯则听了放声大笑）。这很好——因为作为内科医生，我们真的需要依靠像她一样的父母，才能够更加深入地、具有创造性地对他们的孩子进行分析和诊断。

正是由于那些年复一年、日复一日不断发生着却又看似无关紧要的事物，你成为今天的你，我们需要时刻牢记这意味着什么。这些无关紧要的事物往往会被忽略，直到偶尔的异常出现。我并不只是在谈论着我们体内的基因组在发生着什么，我在谈论这一切对人类的意义，在谈论生命的意义，在谈论抗争，在谈论爱。但这还不是全部。正如我们今天很多次看到的，这些令人赞叹的父母和病人帮助我们诊断、治疗，治愈了难以计数的其他疾病。和他们打交道使我想到，我从病人身上学到的东西远比他们从我身上得到的要多得多。

我们每个人都是如此。

每一位罕见遗传病患者体内都隐藏着一个巨大的秘密。如果他们能够将这个秘密分享出来，或许有一天，这些秘密的揭示不仅能够使他们疗愈，也会惠及每一个人。

结　语

最后的叮嘱

这本书涵盖很多内容，从加勒比海底到富士山顶，让我们见识到了基因里就含有兴奋剂的运动员，令人震惊的人体针垫，古代的骨骼，以及可以破译的基因。

我们也了解到基因的一些特性，基因不会轻易忘记受到欺辱的创伤，仅仅靠饮食的改变就可以将工蜂变为蜂后，以及旅行中一不小心就能改变我们的DNA。

贯穿始终的是，我们看到基因遗传是如何因我们的经历而改变和被改变的。在人类的生命中——以及地球上的所有其他物种——适应性是关键，而非适应性——正如我们了解到的，是身体抵抗外来影响能力的大敌。

基因组形成过程中一个小小的表观变化都可以改变一个人的性别。伊桑最终生成一个男孩而非女孩，不仅是遗传的原因，也是因为在他基因表观中某个特殊时刻的细小变化。不要忘了，很多其他类似于伊桑基因排列的胎儿最终却生成了女孩。

从那些稀有基因遗传超能力的人的故事中，我们认识到自身普通的DNA是多么的宝贵——我们对此心存感激。正是了解到自身基因遗传的局限，我们才会有绝佳的机会超越局限。认识到自身基因遗传的特性才有了改变基因的力量。

所以可能某天你的朋友会告诉你，他最近多吃水果和蔬菜，但却感到发胀和困倦。此时你就会想起厨师杰夫。也许你不会记住他的病症叫什么（遗传性果糖不耐受症），但你肯定会记住更重要的内容——没有通用的最佳饮食方式。正如杰夫的例子，对大多数人有益的饮食方式，可能对某些人来说却是致命的。

可能是因为读过这本书，当你孩子出生后，发现一个孩子比其他几个体型都偏小，你将会无意听到别人说起生长激素疗法。你会记起遗传病（莱伦氏综合征）影响了生活在厄瓜多尔山区中的约100人。而且你可能还会记起这些人因为不受生长激素的影响，似乎不易得癌症，这样你就有了可供参考的各方面信息，作出明智的决定。

还记得梅根吗？她的体内因为多了几条氧化代谢酶CYP2D6基因，含有可待因的药方就变成了死亡的宣判，所以我们需要勇敢地大声说出来，不仅是为了孩子，还为了那些患有罕见疾病的人，他们用宝贵的生命告知我们有关人类的医学知识。

这就是利兹和大卫为小格蕾丝所做的。小格蕾丝的骨头虽然不太可能像其他人那么坚硬，但是她每一天都在向我和周围人诠释着——她的基因组不是现有的书籍能够完全解释的。她在用生命向我们娓娓道来她的故事。

记得那个孤儿院人员对收养者说的话吗？“你们将决定她的命运”，而不是她的基因，不是她脆弱的骨头。决定收养这个孤儿的夫妇将会给她一个全新的生活，一个活下去的机会，一个茁壮成长的机会，尽管她有着特殊的基因遗传。

随着我们的探索发现，遗传力不单纯指我们能继承到前几代人的基因，它还取决于我们所得到和我们所给予的基因转变机会。

如此一来，我们的生命历程也发生了彻底的改变。

致 谢

感谢所有的病人以及他们的家人，是他们让我在《基因革命》这本书中从头至尾重述了他们的医学之旅。同样，也非常感谢过去几年间我遇到的医学或其他领域的所有的老师和导师们。我特别要感谢医学博士大卫·契特亚特，从早期这个项目伊始，他持续不衰而鼓舞人心的支持与热情，对于项目的成功来说至关重要；这些年来，他毫不吝啬地与我分享着他对于畸形学、遗传学和医学富有感染力的激情。我的出版代理人——3 Arts 公司的理查德·阿巴特从一开始就相信此项目，并在传递对于记录“遗传学家怎么想”的重要性方面起着推波助澜的作用。很多读者提供的建议和指导极大地改善了这部书稿。我必须特别向大中央出版社的执行编辑本·格林伯格致以谢意。格林伯格对知识的探索和坚持不懈的精神让书中复杂的遗传学过程和遗传学见解变得清晰易读。他也是《基因革命》一书最早的拥立者之一，并且在确保本书得到他认为值得拥有的读者口碑中起了关键作用。我也要感谢 Scepter 出版公司的英国编辑德拉蒙德·莫伊尔，感谢他为本书编辑完成的最后一刻给出的有帮助的建议。感谢优思明·马修，作为制作编辑，她工作起来一丝不苟。感谢3 Arts的梅丽莎·汗，以及大中央出版社的皮帕·翰，他们总是在行政管理方面领先一步，如期交稿也因此成了一种惊喜。同样，感谢本书的宣传人员，大中央出版社的马修·巴拉斯特，还有凯瑟琳·怀特塞德，他们都在提高本书必不可少的关注度方面做得很棒。我的研究助理理查德·维伍一直令我对他敏锐而又坚定的眼光，以及不顾语言障碍，严格追寻原始数据来源的态度感到惊讶。感谢 Wailele Estates Kona Coffee 的阿莱娜·德·哈维兰德，其咖啡为这本书每一页的完成都赋予了灵感。感谢沃利，他的盛情款待为这一项目的完成创造了无可挑剔的完美氛围。同样，特别感谢乔丹·皮诺丹，他花费了大量时间和精力来对书稿进行润色。当然，还要特别感谢马修·拉普朗特，他以自己作为新闻从业者的惊人天赋和别具一格的幽默感，提升了整个项目的品质。最后，还要感谢我的家人和朋友，感谢你们对于每一个新项目和任务所给予的永无止境的爱、支持和始终如一的热情。

作者简介

医学博士沙伦·莫勒姆是一位获奖科学家、医生，以及《纽约时报》畅销书作者。其研究和作品通过医药学、遗传学、历史和生物学的相互融合，以一种新颖而又极为吸引人的方式来解释人类的身体是如何工作的。他还是《纽约时报》畅销书《病者生存》（*Survival of the Sickest*）和《性之谜》（*How Sex Works*）的作者。他的著作已被翻译成30余种语言。

沙伦·莫勒姆博士是《阿兹海默氏症期刊》（*Journal of Alzheimer's Disease*）的副主编。他通过科学研究最终发现了Siderocillin，一种全新的、用来对抗对多种抗生素具有耐药性或可称为“超级病菌”的微生物的抗生素类药物。他还荣获了19项与生物技术和人类健康有关的发明专利，他与别人共同创办了两家生物技术公司。沙伦·莫勒姆博士和他的研究项目已为《纽约时报》、《新科学家》杂志、《时代》杂志以及《乔恩·斯图尔特每日秀》（*The Daily Show with Jon Stewart*）、CNN和《今日秀》（*The Today Show*）等媒体报道。

注释

第1章 遗传学家如何思考

1. 为了保护患者、熟人、朋友和同事的隐私，本书中的一些名字和身份采用了化名或虚构名。同时，为了使某些现有的观念或诊断更加明确和清晰，书中的一些描述和情节做了一些调整或合并。

2. 虽然显性基因组测序和全序列基因组测序的价格都已经降低了很多，但是数据分析所花费的时间和经济成本还是非常昂贵的。

3. 这里牵涉到一些基础的心理学原理，如果想进一步深入阅读，可以参阅《心理学概念和应用》J. Nevid (2009). *Psychology Concepts and Applications*. Boston: Houghton Mifflin.

4. 参阅《模特专家告诉你"一些特别的东西"》M. Rosenfield (1979, Jan. 15). Model expert offers "something special." *The Pittsburgh Press*.

5. 参阅《路易·威登：现代奢侈品的诞生》P. Pasols (2012). *Louis Vuitton: The Birth of Modern Luxury*. New York: Abrams.

6. 美国国家生物技术信息中心（National Center for Biotechnology Information，NCBI）是一个综合可信的供公众查阅各种疾病情况的医学文献资源机构，在这里可以查到范科尼贫血的大量资料。网站地址为：www.ncbi.nlm.nih.gov。

7. PAX3基因的变异也和一种名为腺泡状横纹肌肉瘤的罕见肿瘤的形成密切相关。参阅《正常皮肤黑色素细胞和黑色素细胞损伤（黑痣和黑色素瘤）中PAX3基因的表达》S. Medic and M. Ziman (2010). PAX3 expression in normal skin melanocytes and melanocytic lesions (naevi and melanomas). PLOS One, 5: e9977.

8. 大约每700名新生儿中就有一名唐氏综合征患儿。

9. 虽然现在并不是一种常规检查，化验胎粪中脂肪酸乙酯（FAEEs）是否存在，可作为检测妊娠期是否摄入酒精的一种方法。

10. 如果D型短指需要保密的话，对于那些有着更加严重和虚弱的身体异常的人来说又该如何呢？商人这种刻意营造完美人尤其是完美女人形象的做法，对我来说是一种绝对可悲的事情。参阅《梅根·福克斯在她的性感泡泡浴广告中使用了拇指替身》I. Lapowsky (2010, Feb. 8). Megan Fox uses a thumb double for her sexy bubble bath commercial. *New York Daily News*.

11. 参阅《1型并趾的基因被定位于2号染色体q臂34-36带》K. Bosse et al. (2000). Localization of a gene for syndactyly type 1 to chromosome 2q34-q36. *American Journal of Human Genetics*, 67: 492–497.

12. 不管怎样，近亲结婚都会增加罹患遗传疾病的风险。根据不同的家族遗传背景，罹患某些遗传疾病的风险能够翻倍甚至更高。

13. 畸形学是医学的一个分支，它利用我们的解剖特征来了解我们的遗传特征和曾经受到环境因素的影响。如果你对畸形学家所用的一些专业词汇感到很有兴趣，我建议你可以阅读《美国医学遗传学期刊》出版的专刊：《形态学基础：标准专业术语》Elements of Morphology: Standard Terminology. (2009). *American Journal of Medical Genetics Part A*, 149: 1–127. 如果你认为对这一迷人的领域不需要了解得太深入，可以先看一本对这一领域的病例和研究文献进行综述的杂志——《临床畸形学期刊》。*The Journal Clinical Dysmorphology.*

第2章 当基因表现失常

1. 参阅《走进世界最大的精子银行》S. Manzoor (2012, Nov. 2). Come inside: The world’s biggest sperm bank. *The Guardian.*

2. 参阅《在“7042捐赠者”将罕见基因疾病遗传给5个孩子后，丹麦的精子捐赠法将更加严格》C. Hsu (2012, Sept. 25). Denmark tightens sperm donation law after “Donor 7042” passes rare genetic disease to 5 babies. *Medical Daily.*

3. 参阅《园林中的修士：遗传学之父孟德尔被发掘和埋没的天才》R. Henig (2000). *The Monk in the Garden: The Lost and Found Genius of Gregor Mendel, the Father of Genetics.* New York: Houghton Mifflin.

4. 在孟德尔发表的原始论文中，他使用了德语词汇 vererbung，这个词我们可以翻译成英语单词 inheritance，这个用法在孟德尔发表论文之前就有了。

5. 参阅《同卵双胞胎有同样的基因遗传缺陷，其对尼尔的影响是内部的，对亚当的影响则是外在的》D. Lowe (2011, Jan. 24). These identical twins both have the same genetic defect. It affects Neil on the inside and Adam on the outside. U.K.: *The Sun.*

6. 参阅《疾病导致了哈特菲尔德－麦考伊家族夙怨》M. Marchione (2007, Apr. 5). Disease underlies Hatfield-McCoy feud. The Associated Press.

7. 如果你希望对林岛综合征（脑视网膜血管瘤病）作进一步了解，请参阅以下 NORD（美国罕见疾病组织，The National Organization for Rare Disorders) 网站：www.rarediseases.org/ rare-disease-information/rare-diseases/byID/181/viewFullReport.

8. 参阅《法国图书馆发现被人遗忘的莫扎特乐谱》L. Davies (2008, Sept. 18). Unknown Mozart score discovered in French library. *The Guardian.*

9. 参阅《对一个催人泪下的故事的剖析：为什么阿黛尔的＜似曾相识＞

让每个人落泪？科学找到了答案》M. Doucleff (2012, Feb. 11). Anatomy of a tear-jerker: Why does Adele’s “Someone Like You” make everyone cry? Science has found the formula. *The Wall Street Journal.*

10. 你可以在 www.themozartfestival.org 网站中聆听莱辛格演奏的莫扎特钢琴曲。

11. 参阅《南极洲的钻石？南极洲金伯利岩的发现表明白垩纪时代冈瓦纳超级古大陆出产金伯利岩的范围更大》G. Yaxley et al. (2012). *Diamonds in Antarctica? Discovery of Antarctic Kimberlites Extends Vast Gondwanan Cretaceous Kimberlite Province.* Research Schoo of Earth Sciences, Australian National University.

12. 参阅《不可思议的故事：德比尔斯公司是如何创造和失去其垄断地位的？》E. Goldschein (2011, Dec. 19). The incredible story of how De Beer created and lost the most powerful monopoly ever. *Business Insider.*

13. 参阅《你曾经试着出售钻石么？》E. J. Epstein (1982, Feb. 1). Have you ever tried to sell a diamond? *The Atlantic.*

14. 参阅《我的生活和工作》H. Ford and S. Crowther (1922). *My Life and Work.* Garden City, NY: Garden City Publishing.

15. 参阅《丰田是如何做到第一的：世界最大的汽车公司开设的领导力课程》D. Magee (2007). *How Toyota Became #1: Leadership Lessons from the World's Greatest Car Company.* New York: Penguin Group.

16. 参阅《心脏研究的巨大进步？》A. Johnson (2011, Apr. 16). One giant step for better heart research? *The Wall Street Journal.*

17. 关于这个主题有许多发表的论文，其中我最喜欢的一篇是:《老年长期卧床病人的左心室失用性萎缩》H. Katsume et al. (1992). Disuse atrophy of the left ventricle in chronically bedridden elderly people. *Japanese Circulation* Journal, 53:201–206.

18. 参阅《一种水生异叶形毛茛属植物的叶形鉴定》J. M. Bostrack and W. Millington (1962). On the determination of leaf form in an aquatic heterophyllous species of *Ranunculus*. *Bulletin of the Torrey Botanical Club*, 89: 1–20.

第3章　改变我们的基因

1. 这篇论文被引用近百次，并且起到了里程碑式的作用:《Royalactin 蛋白诱导蜂后分化》M. Kamakura (2011). Royalactin induces queen differentiation in honeybees. *Nature*, 473: 478. 如果你和我一样发现蜜蜂是迷人的，你也可以试着阅读这篇文献：《王室的实验胚胎学》A. Chittka and L. Chittka (2010). Epigenetics of royalty.PLOS *Biology*, 8: e1000532.

2. 参阅《蜜蜂的表观遗传学》：蜂后和工蜂脑内 DNA 差异性甲基化修饰》F. Lyko et al. (2010). The honeybee epigenomes: Differential methylation of brain DNA in queens and workers. PLOS *Biology*, 8: e1000506.

3. 参阅《通过 DNA 甲基化对蜜蜂生殖状态的营养学控制》R. Kucharski et al. (2008). Nutritional control of reproductive status in honeybees via DNA methylation. *Science*, 319: 1827–1830.

4. 参阅《蜜蜂行为学亚型之间的可逆性表观遗传变换》B. Herb et al. (2012). Reversible switching between epigenetic states in honeybee behavioral subcastes. *Nature Neuroscience,* 15: 1371–1373.

5. 人类具有 DNMT3A 和 DNMT3B 两种亚型，它们的 Dnmt3 催化结构域和西方蜜蜂是一样的。如果你希望更加深入地阅读这些内容，可以参阅《群居昆虫的功能性 CpG 甲基化系统》: Y. Wang et al. (2006). Functional CpG methylation system in a social insect. *Science*, 27: 645–647.

6. 参阅《致癌物诱发的大鼠结肠癌和摄入菠菜对其影响的 MicroRNA 表达谱分析》M. Parasramka et al. (2012). MicroRNA profiling of carcinogen-induced rat colon tumors and the influence of dietary spinach. *Molecular Nutrtion*

& *Food Research*, 56: 1259–1269.

7. 参阅《超重或肥胖青少年瘦身干预的高/低应答的不同DNA甲基化模式》A. Moleres et al. (2013). Differential DNA metylation patterns between high and low responders to a weight loss intervention in overweight or obese adolescents: The EVASYON study. FASEB *Journal*, 27: 2504–2512.

8. 参阅《早期应激对表观遗传带来的影响会遗传到后代个体》T. Franklin et al. (2010). Epigenetic transmission of the impact of early stress across generations. *Biological Psychiatry*, 68: 408-415.

9. 参阅《世贸中心受袭目击者创伤后应激障碍相关的基因表达模式》R. Yehuda et al. (2009). Gene expression patterns associated with posttraumatic stress disorder following exposure to the World Trade Center attacks. *Biological Psychiatry,* 66: 708–711;《世贸中心受袭孕妇目击者的创伤后应激障碍对婴儿的遗传影响》R. Yehuda et al. (2005). Transgenerational effects of posttraumatic stress disorder in babies of mothers exposed to the World Trade Center attacks during pregnancy. *Journal of Clinical Endocrinology & Metabolism,* 90: 4115–4118.

10. 参阅《婴儿新陈代谢的形成及其表观遗传学调节:系统生物学研究》S. Sookoian et al. (2013). Fetal metabolic programming and epigenetic modifications: A systems biology approach. *Pediatric Research*, 73: 531–542.

第4章 用进废退

1. 参阅《"小孩总统":一个容易骨折的男孩告诉你怎样变强》E. Quijano (2013, Mar. 4). "Kid President" : A boy easily broken teaching how to be strong. CBSNews.com.

2. 幸好这样的故事是非常罕见的。即使如此,这仍然是一个令人难以置信的悲剧故事。参阅《他们诬陷我们虐待,偷走了我们的孩子并且摧毁了我们的婚姻：脆骨症患儿的父母反击控告他们虐待儿童的社工》H. Weathers (2011, Aug. 19). They branded us abusers, stole our children and killed our marriage: Parents of boy with brittle bones attack social workers who claimed they beat him. *The Daily Mail.*

3. 参阅美国卫生和福利部（2011）《儿童虐待》U.S. Department of Health & Human Services (2011). *Child Maltreatment.*

4. FOP 早在250年前的医学文献中就有详尽的描述，但是这种疾病的病因直到不久以前还是一个谜。如果你希望对 FOP 有更多的了解，请参阅《进行性肌肉骨化症》F. Kaplan et al. (2008). Fibrodysplasia ossificans progressiva. *Best Practice & Research: Clinical Rheumatology.* 22:191–205.

5. 阿莉的家庭为他们的女儿和其他患有 FOP 的孩子组建了一支“军队”，参阅：《正在渐渐变成石头的女孩：年仅5岁却患有罕见疾病的她正在和时间赛跑以争取治愈》N. Golgowski (2012, June 1). The girl who is turning into stone: Five year old with rare condition faces race against time for cure. *The Daily Mail.*

6. 今天，留意疑似 FOP 患者的大脚趾已经成为畸形学检查的一个标准项目，参阅《进行性肌肉骨化症：注意观察大脚趾》M. Kartal-Kaess et al. (2010). Fibrodyplasia ossificans progressiva (FOP): Watch the great toes. *European Journal of Pediatrics,* 169: 1417–1421.

7. 参阅《男性上臂的不对称和行为相关性改变》A. Stirland. (1993). Asymmetry and activity related change in the male humerus. *International Journal of Osteoarcheology,* 3: 105–113.

8. 自从1982年被发现以来，玛丽罗斯号仍然躺在海底，但科学家们已经迅速发现了船上水手的身份和他们生前的故事，请参阅《玛丽罗斯号：科学家用 RSI 确定了失事船只上弓箭手的身份》A. Hough (2012, Nov. 18). Mary Rose: Scientists identify shipwreck’s elite archers by RSI. *The Telegraph.*

9. 如果你刚好对脚趾拇囊肿的遗传机制有兴趣，请你参阅《成人大趾外翻和小趾畸形的高度遗传性：弗雷明翰脚的研究》M. T. Hannan et al. (2013). Hallux valgus and lesser toe deformities are highly heritable in adult men and women: The Framingham foot study. *Arthritis Care Research* (Hoboken). [Epub ahead of print.]

10. 在某些情况下，一个满满当当的背包可能是一种痛苦的负担（会被视作一种刑具）。参阅《学龄儿童背包过重导致脊椎变形和姿势错误的短期影响》D. H. Chow et al. (2010). Short-term effects of backpack load placement on spine deformation and repositioning error in schoolchildren. *Ergonomics*, 53: 56–64.

11. 参阅《对于头骨联合未形成前的体位性偏头畸形近期发病率增长的研究》A. A. Kane et al. (1996). Observations on a recent increase in plagiocephaly without synostosis. Pediatrics, 97: 877–885;《体位性偏头畸形的“流行”以及美国儿科学会的回应》W. S. Biggs (2004). The “epidemic” of deformational plagiocephaly and the American Academy of Pediatrics’ response. *JPO: Journal of Prosthetics and Orthotics*, 16: S5–S8.

12. 在你准备花这笔钱购买一个头盖骨重塑头盔之前，你可以参阅:《针对体位性偏头畸形采取预防措施的前瞻性随机试验：物理疗法和定位枕头的对比》J. F. Wilb and et al. (2013). A prospective randomized trial on preventative methods for positional head deformity: Physiotherapy versus a positioning pillow. *The Journal of Pediatrics,* 162: 1216–1221.

13. 这是一种迷人的鱼类。更多信息参阅《哥伦比亚马格达莱纳河流域发现亚马逊巨骨舌鱼（真骨鱼次亚纲巨骨舌鱼科）中新世化石的生物地理和进化意义》J. G. Lundberg and B. Chernoff (1992). A Miocene fossil of the Amazonian fish *Arapaima* (Teleostei Arapaimidae) from the Magdalena River region of Colombia-Biogeographic and evolutionary implications. *Biotropica*, 24: 2–14.

14. 参阅《亚马逊战争：巨骨舌鱼 vs 水虎鱼》M. A. Meyers et al. (2012). Battle in the Amazon: Arapaima versus piranha. *Advanced Engineering Materials*. 14: 279–288.

15. 一个非常微小的基因突变就会引发致命性的脆骨症。这只是很多例子中的一个，它明确地提示了一个核苷酸突变的力量。参阅《人类I型胶原蛋白等位基因上仅仅一个核苷酸的突变就会引起致命脆骨症》D. H. Cohn et al. (1986). Lethal osteogenesis imperfecta resulting from a single nucleotide change in one human pro alpha 1(I) collagen allele. *Proceedings of the National Academy of Science*, 83: 6045–6047.

16. 参阅《游泳和负重运动对月经正常运动员骨矿物质状态的不同影响》D. R. Taaffe et al. (1995). Differential effects of swimming versus weight- bearing activity on bone mineral status of eumenorrheic athletes. *Journal of Bone and Mineral Research,* 10: 586–593.

17. 太空舱着陆的照片、视频和故事展现了3个宇航员突然重新回到地球引力场的情形。参阅《"这是一个靶心"：俄罗斯联盟号太空船在193天的空间任务后着陆》P. Leonard (2012, July 2). "It' s a bullseye" : Russian Soyuz capsule lands back on Earth after 193-day space mission. *Associated Press*.

18. 参阅《二磷酸盐可以用作长期太空飞行中保护骨质的药物》A. Leblanc et al. (2013). Bisphosphonates as a supplement to exercise to protect bone during long-duration spaceflight. *Osteoporosis International,* 24:2105–2114.

第5章　依据基因选择饮食

1. 参阅《中国人开始大喝牛奶》F. Rohrer (2007, Aug. 7). "China drinks its milk." *BBC News Magazine*.

2. 这话说得有道理，因为很多人根本不懂得怎么样烹饪，更不用说将食物做得美味又有营养。更多信息请参阅《采用教育、烹饪技巧和个体化目标干涉手段对于家庭增加低脂高淀粉食物摄入的影响》P. J. Curtis et al. (2012). Effects on nutrient intake of a family-based intervention to promote increased consumption of low-fat starchy foods through education, cooking skills and personalized goal. *British Journal of Nutrition,* 107: 1833–1844.

3. 参阅《从杂食到素食：比尔·克林顿的饮食教育》D. Martin (2011, Aug. 18). From omnivore to vegan: The dietary education of Bill Clinton. *CNN.com.*

4. 参阅《坏血病：一个外科医生、一个水手和一个绅士是如何破解困扰大航海时代的最大医学谜团的》S. Bown (2003). Scurvy: *How a Surgeon, a Mariner and a Gentleman Solved the Greatest Medical Mystery of the Age of Sail.* West Sussex: Summersdale Publishing Ltd.

5. 参阅《维生素C转运体基因多态性，饮食维生素C和血清抗坏血酸维生素C》L. E. Cahill and A. El. Sohemy (2009). Vitamin C transporter gene polymorphisms, dietary vitamin C and serum ascorbic acid. *Journal of Nutrigenetics and Nutrigenomics,* 2: 292–301.

6. 参阅《钠依赖性维生素 C 转运体 SLC23A1 和 SLC23A2 的基因变异及其对于早产的风险》H. C. Erichsen et al. (2006). Genetic variation in the sodium-dependent vitamin C transporters, SLC23A1, and SLC23A2 and risk for preterm delivery. *American Journal of Epidemiology,* 163: 245–254.

7. 如果想更多地阅读，这里有一篇文章部分探讨了这些观点 :《早产胎膜破裂妇女的胶原蛋白和维生素 C 含量的减少和蛋白水解易感性的增加》E. L. Stuart et al. (2004). Reduced collagen and ascorbic acid concentrations and increased proteolytic susceptibility with prelabor fetal membrane rupture in women. *Biology of Reproduction.* 72: 230–235.

8. 我们在第1章里遇到的大厨杰夫发现自己在遵循了医生的营养建议之后就是这样一种情况。

9. 如果你想更多地了解关于咖啡因摄入的遗传药理学机制，可以看看这篇文章：《CYP1A2基因型改变了摄入咖啡和高血压风险之间的联系》Palatini et al. (2009). CYP1A2 genotype modifies the association between coffee intake and the risk of hypertension. *Journal of Hypertension,* 27:1594–601. 还有这篇文章也不错：《咖啡、CYP1A2基因型和心肌梗死的风险》M. C. Cornelis et al. (2006). Coffee, CYP1A2 genotype, and risk of myocardial infarction. *The Journal of the American Medical Association,* 295:1135–1141.

10. 参阅《健康和疾病时的肠道微生物》I. Sekirov et al. (2010). Gut microbiota in health and disease. *Physiological Reviews,* 90: 859–904.

11. 通常形成一个有足够大小空间的腹腔需要等待几周的时间。在这个等待的过程中，一般会临时使用一种叫作 silo 硅胶袋的特殊装置来包裹和保护婴儿外露的肠段。虽然使用 silo 硅胶袋可能使腹裂患儿的父母感觉有点恐慌，但这一过程是必需的。因为腹腔必须发育成长到有足够的空间才能够容纳多余的肠段，这时候，外露的肠段才能被顺利地回纳入体内，然后通过外科手术将腹壁修复。

12. 参阅《从肥胖人群肠道中分离的机会致病菌可以导致无菌小鼠肥胖》N. Fei and L. Zhao (2013). An opportunistic pathogen isolated from the gut of an obese human causes obesity in germfree mice. *The ISME Journal,* 7:880–884.

13. 如果你对这个话题有兴趣，希望了解更多资讯请参阅：《红肉中的左旋卡尼汀的肠道微生物代谢产物会增加动脉粥样硬化风险》R. A. Koeth et al. (2013). Intestinal microbiota metabolism of l-carnitine, a nutrient in red meat, promotes atherosclerosis. *Nature Medicine,* 19:576–585.

14. 参阅《苯丙酮尿症的发现：一对年轻夫妻、两个智障儿童和一个科学家的故事》S. A. Centerwall and W. R. Centerwall (2000). The discovery of phenylketonuria: The story of a young couple, two retarded children, and a scientist. *Pediatrics*, 105: 89–103.

15. 参阅《永远长不大的孩子》P. Buck (1950). *The Child Who Never Grew.* New York: John Day.

第6章 根据基因型服药

1. 如果你想更多了解像梅根一样的案例，可以从这样一个不错的地方入手:《北美儿童扁桃体切除术后可待因致死的病例增加》L. E. Kelly et al. (2012). More codeine fatalities after tonsillectomy in North American children. *Pediatrics*, 129: e1343–1347.

2. 在其间的那些年里发生了些什么？以极其缓慢的进程最终得出了一个拯救生命的结论。不幸的是，很多时候医学科学就是这样。参阅《FDA：儿童扁桃体切除术后禁用可待因》B. M. Kuehn (2013). FDA: No codeine after tonsillectomy for children. *Journal of the American Medical Association,* 309: 1100.

3. 参阅《CYP2D7-2D6杂交串联：CYP2D6基因重复异常排列的识别及其对表型预测的意义》A. Gaedigk et al. (2010). CYP2D7-2D6 hybrid tandems: Identification of novel CYP2D6 duplication arrangements and implications for phenotype prediction. *Pharmacogenomics*, 11: 43–53;《城市儿童可待因代谢的遗传药理学研究及其对镇痛可靠性的意义》D. G. Williams et al. (2002). Pharmacogenetics of codeine metabolism in an urban population of children and its implications for analgesic reliability. *British Journal of Anesthesia,* 89:839–845;《携带有CYP2D6等位基因双倍体或多倍体的埃塞俄比亚人群中异哇胍超快速代谢型的常见分布》E. Aklillu et al. (1996). Frequent distribution of ultrarapid metabolizers of debrisoquine in an Ethiopian population carrying duplicated and multiduplicated functional CYP2D6 alleles. *Journal of Pharmacology and Experimental Therapeutics*. 278: 441–446.

4. 罗斯（卒于1993年）对于许多医生和研究者来说是一个英雄——理应

如此：《讣告：杰弗里·罗斯教授》B. Miall (1993, Nov. 16). Obituary: Professor Geoffrey Rose. *The Independent.*

5. 正如我们所知，可待因的药效取决于人们的基因遗传而存在很大差异。因此，我们也知道，几乎每种医疗干预的效果都因人而异，有时效果更好，也有时效果更差。请参阅《患病个体和患病群体》G. Rose (1985). Sick individuals and sick populations. *International Journal of Epidemiology,* 14: 32–38.

6. 参阅《具有致动脉粥样硬化脂蛋白表型受试者的APOE基因多态性和鱼油补充》A. M. Minihane et al. (2000). APOE polymorphism and fish oil supplementation in subjects with an atherogenic lipoprotein phenotype. Arteriosclerosis, *Thrombosis, and Vascular Biology,* 20: 1990–1997;《脂肪酸和基因型的相互影响和心血管疾病风险》A. Minihane (2010). Fatty acid-genotype interactions and cardiovascular risk. *Prostaglandins, Leukotrienes and Essential Fatty Acids,* 82: 259–264.

7. 参阅《一半的美国人使用补品》M. Park (2011, April 13). Half of Americans use supplements. *CNN.com.*

8. 参阅《一个喜欢冒险的独立女性的生活和研究》H. Bastion (2008). Lucy Wills (1888–1964): The life and research of an adventurous independent woman. *The Journal of the Royal College of Physicians of Edinburgh,* 38: 89–91.

9. 参阅《酵母酱大杂烩：罐子里的焦油 A–Z 大全》M. Hall (2012). *Mish-Mash of Marmite: A–Z of Tar-in-a-Jar.* London: BeWrite Books.

10. 如果你希望更多阅读这些发现的相关内容，请参阅《母亲补充叶酸和儿童自闭症谱系障碍风险的关系》P. Surén et al. (2013). Association between maternal use of folic acid supplements and risk of autism spectrum disorders in children. *The Journal of the American Medical Association,* 309: 570–577.

11. 参阅《母亲 MTHFR 基因 C677T 多态性和其后代神经管缺陷易感性的关系：来自25例可控性研究的证据》L. Yan et al. (2012). Association of the

maternal MTHFR C677T polymorphism with susceptibility to neural tube defects in offsprings: Evidence from 25 case-control studies. *PLOS One*, 7: e41689.

12. 参阅《从全基因组序列推断出的提洛尔冰人起源和表型新发现》A. Keller et al. (2012). New insights into the Tyrolean Iceman' s origin and phenotype as inferred by whole-genome sequencing. *Nature Communications,* 3: 698.

第7章 选边

1. 即使你不是一名冲浪爱好者，你也可能知道奥奇鲁普在《星随舞动》节目中被淘汰的事情。想要知道更多关于他在这个流行电视节目中被淘汰之前的传奇故事，请参阅《Occy：Mark Occhilupo 的起起落落》M. Occhilupo and T. Baker (2008). *Occy: The Rise and Fall and Rise of Mark Occhilupo.* Melbourne: Random House Australia.

2. 参阅《危险的偏倚：新研究发现了左撇子的风险》P. Hilts (1989, Aug. 29). A sinister bias: New studies cite perils for lefties. *The New York Times.*

3. 参阅《左撇子和乳腺癌的风险》L. Fritschi et al. (2007). Left-handedness and risk of breast cancer. *British Journal of Cancer,* 5: 686–687.

4. 如果你想看看沃特·迪士尼的动画短片《夏威夷假日》，请登录以下链接：www.youtube.com/watch?v=SdIaEQCUVbk.

5. 参阅《早产婴儿的偏手性：系统评价和元分析》E. Domellöf et al. (2011). Handedness in preterm born children: A systematic review and a meta-analysis. *Neuropsychologia*, 49: 2299–2310.

6. 如果你有兴趣了解更多关于这个话题的内容，你可以参阅：《正确还是错误？流行病学家和偏手性之间的恶劣关系》O. Basso (2007). Right or wrong? On the difficult relationship between epidemiologists and handedness. *Epidemiology*, 18: 191–193.

7. 参阅《儿童和青少年的混合偏手性和精神健康问题密切相关》A. Rodriguez et al. (2010). Mixed-handedness is linked to mental health problems in children and adolescents. *Pediatrics*,125: e340–e348.

8. 参阅《汤姆·布莱克：一个冲浪先锋的不寻常旅程》G. Lynch et al. (2001). *Tom Blake: The Uncommon Journey of a Pioneer Waterman.* Irvine: Croul Family Foundation.

9. 参阅《胎儿酒精谱系障碍的遗传学和表观遗传学研究》M. Ramsay (2010). Genetic and epigenetic insights into fetal alcohol spectrum disorders. *Genome Medicine*, 2: 27;《基因多态性对于胎儿酒精谱系障碍疾病的影响》K. R. Warren and T. K. Li. (2005).Genetic polymorphisms: Impact on the risk of fetal alcohol spectrum disorders. *Birth Defects Research Part A: Clinical and Molecular Teratology,* 73:195–203.

10. 参阅《胎儿酒精综合征患儿的一种典型功能偏侧化》E. Domellöf et al. (2009). A typical functional lateralization in children with fetal alcohol syndrome. *Developmental Psychobiology,* 51: 696–705.

11. 纳兰霍的故事是令人震惊的，一定要看看他在 YouTube 上的视频，同时请参阅《迈克尔·纳兰霍：用手看世界的艺术家》B. Edelman (2002, July 2). Michael Naranjo: The artist who sees with his hands. *Veterans Advantage*. http://www.veteransadvantage.com /cms/content/michael-naranjo

12. 参阅《纤毛疾病谱系的拓展：运动型纤毛运动障碍和肾结核与之前从未报道过的 INVS/NPHP2 基因纯合子突变有关》S. Moalem et al. (2013). Broadening the ciliopathy spectrum: Motile cilia dyskinesia, and nephronophthisis associated with a previously unreported homozygous mutation in the INVS/NPHP2 gene. *American Journal of Medical Genetics Part A,* 161:1792–1796.

13. 陨石只是在它击中湖面获得了那么一点儿额外的氨基酸？科学家们作出了解释：《塔吉什湖陨石携带有过量的来自地球之外的非同寻常的 L 型

蛋白氨基酸》D. P. Glavin et al. (2012). Unusual nonterrestrial L-proteinogenic amino acid excesses in the Tagish Lake meteorite. *Meteoritics & Planetary Science,* 47: 1347–1364.

14. 参阅《免疫细胞中的维生素 E 和基因表达》S. N. Han et al. (2004). Vitamin E and gene expression in immune cells. *Annals of the New York Academy of Sciences,* 1031: 96–101.

15. 参阅《口服补充 α-生育醇可以减少血浆中 γ-生育醇水平》G. J. Handleman et al. (1985). Oral alpha-tocopherol supplements decrease plasma gammatocopherol levels in humans. *The Journal of Nutrition,* 115:807–813.

16. 参阅《全基因组关联研究确定了和人类补充维生素 E 之后的血清学反应相关的3种常见变异》J. M. Major et al. (2012). Genome-wide association study identifies three common variants associated with serologic response to vitamin E supplementation in men. *The Journal of Nutrition,* 142: 866–871.

第8章 我们都是 X 战警

1. 想知道更多，请登录美国国家地理的网站：www. national- geographic.com.

2. 参阅《EPAS1基因变异使得夏尔巴人能够适应高海拔缺氧》M. Hanaoka et al. (2012). Genetic variants in EPAS1 contribute to adaptation to high-altitude hypoxia in Sherpas. PLOS One, 7: e50566.

3. 需要飞行员或机组人员警惕的一个信号就是机上人员突然发出的傻笑，这有可能是机舱内压力降低而导致缺氧的一种征兆。

4. 参阅《高海拔的咖啡因：大本营的爪哇咖啡》P. H. Hackett (2010). Caffeine at high altitude: Java at base camp. *High Altitude Medicine & Biology,* 11: 13–17.

5. 这是可口可乐在20世纪40年代中期的广告词。

6. 参阅《被剪切的红细胞生成素受体是显性遗传人类良性红细胞增多症

的病因》A. de La Chapelle et al. (1993). Truncated erythropoietin receptor causes dominantly inherited benign human erythrocytosis. *Proceedings of the National Academy of Sciences,* 90: 4495–4499.

7. 自从2006年和妻儿一起移民到美国后，阿帕·谢尔巴每年还会回到尼泊尔几次，去提高对当地气候变化的认识并感受夏尔巴部落对获得更好教育资源的渴望。想知道他更多的故事，请参阅《珠穆朗玛峰登山纪录保持者自豪地宣布自己是犹他州人》M. LaPlante (2008, June 2). Everest record-holder proudly calls Utah home. *The Salt Lake Tribune.*

8. 参阅《美国人疼痛的经济成本》D. J. Gaskin et al. (2012). The economic costs of pain in the United States. *The Journal of Pain,* 13: 715–724.

9. 参阅《一个不会感觉疼痛的明尼苏达州女孩加比·金格拉斯很高兴“感觉正常”》B. Huppert (2011, Feb. 9). Minn. girl who feels no pain, Gabby Gingras, is happy to “feel normal.” KARE11;《不会感到疼痛的女孩，生活中充斥着危险》K. Oppenheim (2006, Feb. 3). Life full of danger for little girl who can’t feel pain. *CNN. com.*

10. 参阅《SCN9A 离子通道病导致先天性无痛症》J. J. Cox et al. (2006). An SCN9A channelopathy causes congenital inability to experience pain. *Nature,* 444: 894–898.

第9章　偷窥你的基因组

1. 如果你想了解更多关于各种不同类型癌症高发病率的统计数据，美国癌症学会的网站是一个不错的切入点：www.cancer.org。

2. 参阅《国王她自己》C. Brown (2009, Apr.). The king herself. *National Geographic,* 215(4).

3. 日常饮食在一些特定种类的恐龙的肿瘤发生发展过程中所起的作用还不是非常明确，因为饮食对不同种类的恐龙的影响并不相同。如果你希望更加深入阅读了解这一神奇的领域，请参阅《恐龙肿瘤的流行病学研究》B. M. Rothschild et al. (2003). Epidemiologic study of tumors in dinosaurs. *Naturwissenschaften*, 90: 495–500.《骨扫描显示只有鸭嘴龙才会罹患肿瘤》J. Whitfield (2003, Oct. 21). Bone scans reveal tumors only in duck-billed species. *Nature News*.

4. 世界卫生组织（World Health Organization，WHO）。

5. 关于肺癌发病率和病因的更多信息，请参阅美国疾病控制与预防中心（Centers for Disease Control and Prevention，CDC）的网站：www.cdc.gov。

6. 参阅《雪茄的终极狂热爱好者》A. Marx. (1994–1995, Winter). The ultimate cigar aficionado. *Cigar Aficionado*.

7. 事实上，许多这样的出版物都是由烟草广告商提供资助的。

8. 参阅《盒装癌症》R. Norr. (1952, December). Cancer by the carton. *The Reader's Digest*.

9. 如果你对其他吸烟相关的历史数据有兴趣，请访问网站：www.lung.org。

10. 参阅《现在请看》（1955年6月7日）转录自哥伦比亚广播公司的电视广播节目为伟达公关有限公司制作的电视录像带。

11. 参阅美国农业部《烟草概况和展望报告年鉴（2007）》U.S. Department of Agriculture. (2007). Tobacco Situation and Outlook Report Yearbook; Centers for Disease Control and Prevention. National Center for Health Statistics. *National Health Interview Survey* 1965–2009.

12. 包括1955年6月7日的《现在请看》播出的《烟草与肺癌》，可以在遗产烟草文档库的网站 www.legacy.library.ucsf.edu/tid/ppq36b00 上找到。

13. 有很多关于剑齿虎（它们并不是真正的虎）如何捕猎的推断，但是研究者注意到它们往往在正确的地点和正确的时间，将我们的一些老祖宗咬翻在地：《第三纪中新纪晚期非洲乍得的 Toros Menalla 地区发现的新型剑齿虎》L. de Bonis et al. (2010). New saber-toothed cats in the Late Miocene of Toros Menalla (Chad). *Comptes Rendus Palevol.*, 9: 221–227.

14. 参阅《工作者的疾病》（Diseases of Workers）B. Ramazzini (2001). De *Morbis Artificum Diatriba. American Journal of Public Health,* 91: 1380–1382.

15. 参阅《委员会要求铁路方面在工伤案件中终止基因检测》T. Lewin (2001, February 10). Commission sues railroad to end genetic testing in work injury cases. *The New York Times.*

16. 参阅《患有腕管综合征的铁路工人的基因检测的科学基础评估》P. A. Schulte and G. Lomax (2003). Assessment of the scientific basis for genetic testing of railroad workers with carpal tunnel syndrome. *Journal of Occupational and Environmental Medicine,* 45: 592–600.

17. 这些通常是有特殊疾病的家庭，他们所患疾病的罕见性对研究者来说是一种便利，因为能够更容易地识别他们的身份，但这是一种令人尴尬的便利：《姓氏推测对个体基因组的识别》M. Gymrek et al. (2013). Identifying personal genomes by surname inference. *Science*, 339: 321–324.

18. 参阅《社会媒体是如何帮助（或危害）你的求职的》J. Smith (2013, Apr. 16). How social media can help (or hurt) you in your job search. *Forbes.com.*

19. 在美国，雇主和健康保险供应商所能查询的遗传信息会受到一定的限制。

20. 但是，在2012年，美国生物伦理问题研究监督委员会（the Presidential Commission for the Study of Bioethical Issues）发布了一份报告呼吁将这种基因测试确定为非法的，其理由是会引起广泛的隐私问题。参阅《保护个人隐私，美国委员会呼吁结束秘密的DNA检测》S. Begley (2012, Oct. 11). Citing privacy concerns, U.S. panel urges end to secret DNA testing. *Reuters.*

21. 参阅《我的医学选择》A. Jolie (2013, May 14). My medical choice. *The New York Times.*

22. 参阅《朱莉公开披露预防性乳房切除术彰显其窘境》D. Grady et al. (2013, May 14). Jolie's disclosure of preventive mastectomy highlights dilemma. *The New York Times*.

第10章 定制的孩子

1. Wrecksite（失事地点）是全球最大的船只失事相关的在线数据库，其中可以搜寻到超过140 000艘船只最后的停泊地点。同时，它也是一座关于很多这些失事船只在失事前具体情况的信息宝库：http://www.wrecksite.eu.

2. 参阅《辩解书：医学声呐是如何和为什么发展的》I. Donald (1974). Apologia: How and why medical sonar developed. *Annals of the Royal College of Surgeons of England*, 54: 132–140.

3. 这个故事和更多关于德国潜艇的信息可以参阅网站：www.uboat.net.

4. 在美国历史上距今并不久远的某个时间，"服装专家"们建议父母给男孩子穿粉红色而女孩子穿蓝色的衣服。但是在20世纪50~60年代，穿衣颜色的性别倾向被颠倒了。回到了原来的情况甚或是完全改变成和成人的流行色一致。当然这和超声波技术没什么关系。参阅《粉红和蓝色：女孩们告诉美国的男孩们》J. Paoletti (2012). *Pink and Blue: Telling the Boys from the Girls in America*. Indiana University Press.

5. 这个案例综合了以前发表的案例报道和其他有类似情况父母的例子。姓名、具体细节和情节都有所调整。

6. 梅约医学疾病索引（The Mayo Clinic's Disease Index）拥有尿道下裂和其他很多疾病的系列详细说明：http://www.mayoclinic.com/ health/DiseasesIndex.

7. 很可能这是人类最常见的常染色体隐性遗传疾病之一。《非典型类固醇21-羟化酶缺乏症的高频发生》P. W. Speiser et al. (1985). High frequency of nonclassical steroid 21-hydroxylase deficiency. *American Journal of Human Genetics*, 37: 650–667.

8. 染色体就像时钟的指针，一个臂短一点（命名为“p”），而另一个臂往往长一点（命名为“q”）。每个染色体都有独特的带型，这就使它在显微镜下看起来像条形码一样。细胞遗传学家正是利用这样独特的带型，来鉴定和评估染色体的完整性和其质量。

9. 和染色体的核型分析不同，aCGH 一个重要的局限是不能发现遗传物质从染色体的一个区是正常移动还是倒位转移到了另一个区。而这恰恰是非常重要的。因为我们如果按照图谱来进行比对就会得到完全混乱的序列，这对我们的基因组来说是一个问题，而 aCGH 无法明确这样的问题是否出现。

10. 在其他关于海吉拉斯的迷信中，很多印度人相信他们在婚礼或婚礼附近出现会带来好运。《印度变性人——海吉拉斯》N. Harvey (2008, May 13). India’ s transgendered—the Hijras. *New Statesman.*

11. 要想听莫雷斯奇的完整版本，可以找一找18轨激光唱片，*The Last Castrato.* (1993). Opal. 这个版本的光碟，声音中带有一点噪音干扰，但即使如此还是十分迷人。

12. 参阅《朝鲜太监的寿命》K. J. Min et al. (2012). The lifespan of Korean eunuchs. *Current Biology,* 22: R792–R793.

13. 这句话常常被错误地认为是爱默生（Ralph Waldo Emerson）说的，实际上这句话第一次出现在一本由无名的证券商人所写的书中。这个证券商人的身份很多年以后才被纽约时报（New York Times）公开揭示。参阅《华尔街的冥想》H. Haskins (1940). *Meditations in Wall Street.* New York: William Morrow.

第11章 总结

1. 远远超过得克萨斯州的总人口：国家罕见病组织。

2. 脂肪有着很恶劣的名声。对于大多数人来说，它是维持生命所必需的。正如这项研究所发现的那样，摄入脂肪的量和罹患疾病之间的关系可能比我们开始预想的要复杂得多。而且是否患病和摄入脂肪的类型也密切相关。The SUN Project. PLOS One, 26: e16268.

3. 心脏病有时候也被称为“隐性的”流行病，参阅《死亡：2011年的初步统计数据》D. L. Hoyert and J. Q. Xu. (2012). Deaths: Preliminary data for 2011. *National Vital Statistics Reports,* 61: 1–52.

4. 参阅《为长期精氨酸琥珀酸尿症的长期并发症补充一氧化氮》S. C. Nagamani et al. (2012). Nitric-oxide supplementation for treatment of long-term complications in argininosuccinic aciduria. *American Journal of Human Genetics,* 90: 836–846;《精氨酸琥珀酸裂解酶缺乏：新生儿筛查中发现的13例患者的长期研究结果》C. Ficicioglu et al. (2009). Argininosuccinate lyase deficiency: Long-term outcome of 13 patients detected by newborn screening. *Molecular Genetics and Metabolism,* 98: 273–277.

5. 参阅《厄瓜多尔侏儒部落“对癌症和糖尿病免疫”，这可能破解如何治疗这些疾病》A. Williams (2013, Apr. 3). The Ecuadorian dwarf community “immune to cancer and diabetes” who could hold cure to diseases. *The Daily Mail.*

6. 格林综合征并不是并趾的唯一原因。如果你有并趾，并不意味着你一定会得皮肤癌。

7. 参阅《法国格林综合征患者的PTCH1基因变异谱》N. Boutet et al. (2003). Spectrum of PTCH1 mutations in French patients with Gorlin syndrome. *The Journal of Investigative Dermatology,* 121:478–481.

8. 参阅《身高和地位：高度、能力和劳动市场的结果》A. Case and C. Paxson (2006). *Stature and Status: Height, Ability, and Labor Market Outcomes.* National Bureau of Economic Research Working Paper No.12466.

9. 法国长期以来一直反对这样一种观点：拿破仑很矮并且他的身高是导致他野心勃勃的重要原因之一：《拿破仑的身高》M. Dunan (1963). *La taille de Napoléon. La Revue de l’Institut Napoléon,* 89:178–179.

10. 参阅《生长激素治疗的历史》V. Ayyar (2011). History of growth hormone therapy. *Indian Journal of Endocrinology and Metabolism,* 15: S162–S165.

11. 参阅《小儿内分泌美容学以及生长诊断和治疗的进展》A. Rosenbloom (2011). Pediatric endo-cosmetology and the evolution of growth diagnosis and treatment. *The Journal of Pediatrics,* 158: 187–193.

心身健康

《谷物大脑》

作者：[美] 戴维 · 珀尔玛特 等 译者：温旻

樊登读书解读，《纽约时报》畅销书榜连续在榜55周，《美国出版周报》畅销书榜连续在榜超40周！
好莱坞和运动界明星都在使用无麸质、低碳水、高脂肪的革命性饮食法！
解开小麦、碳水、糖损害大脑和健康的惊人真相，让你重获健康和苗条身材

《菌群大脑：肠道微生物影响大脑和身心健康的惊人真相》

作者：[美] 戴维 · 珀尔马特 等 译者：张雪 魏宁

超级畅销书《谷物大脑》作者重磅新作！
"所有的疾病都始于肠道。"——希腊名医、现代医学之父希波克拉底
解锁21世纪医学关键新发现——肠道微生物是守护人类健康的超级英雄！
它们维护着我们的大脑及整体健康，重要程度等同于心、肺、大脑

《谷物大脑完整生活计划》

作者：[美] 戴维 · 珀尔马特 等 译者：闾佳

超级畅销书《谷物大脑》全面实践指南，通往完美健康和理想体重的所有道路，都始于简单的生活方式选择，你的健康命运，全部由你做主

《生酮饮食：低碳水、高脂肪饮食完全指南》

作者：[美] 吉米 · 摩尔 等 译者：陈晓芮

吃脂肪，让你更瘦、更健康。风靡世界的全新健康饮食方式——生酮饮食。两位生酮饮食先锋，携手22位医学/营养专家，解开减重和健康的秘密

《第二大脑：肠脑互动如何影响我们的情绪、决策和整体健康》

作者：[美] 埃默伦 · 迈耶 译者：冯任南 李春龙

想要了解自我，从了解你的肠子开始！拥有40年研究经验、脑-肠相互作用研究的世界领导者，深度解读肠脑互动关系，给出兼具科学和智慧洞见的答案

更多>>>

《基因革命：跑步、牛奶、童年经历如何改变我们的基因》 作者：[英] 沙伦 · 莫勒姆 等 译者：杨涛 吴荆卉
《胆固醇，其实跟你想的不一样！》 作者：[美] 吉米 · 摩尔 等 译者：周云兰
《森林呼吸：打造舒缓压力和焦虑的家中小森林》 作者：[挪] 约恩 · 维姆达 译者：吴娟

思考力丛书

学会提问（原书第12版·百万纪念珍藏版）

- 批判性思维入门经典，真正授人以渔的智慧之书
- 互联网时代，培养独立思考和去伪存真能力的底层逻辑
- 国际公认21世纪人才必备的核心素养，应对未来不确定性的基本能力

逻辑思维简易入门（原书第2版）

- 简明、易懂、有趣的逻辑思维入门读物
- 全面分析日常生活中常见的逻辑谬误

专注力：化繁为简的惊人力量（原书第2版）

- 分心时代重要而稀缺的能力
  就是跳出忙碌却茫然的生活
  专注地迈向实现价值的目标

学会据理力争：自信得体地表达主张，为自己争取更多

- 当我们身处充满压力焦虑、委屈自己、紧张的人际关系之中，
  甚至自己的合法权益受到蔑视和侵犯时，
  在“战和逃”之间，
  我们有一种更为积极和明智的选择——据理力争。

学会说不：成为一个坚定果敢的人（原书第2版）

- 说不不需要任何理由！
  坚定果敢拒绝他人的关键在于，
  以一种自信而直接的方式让别人知道你想要什么、不想要什么。